填方块谜题

玩出来的逻辑思维

知识产权出版社
全国百佳图书出版单位

图书在版编目（CIP）数据

玩出来的逻辑思维．填方块谜题 / 康思谜题编著．— 北京：知识产权出版社，2019.5

ISBN 978-7-5130-6104-9

Ⅰ．①玩… Ⅱ．①康… Ⅲ．①逻辑思维－思维训练－青少年读物 Ⅳ．① B80-49

中国版本图书馆 CIP 数据核字（2019）第 029643 号

内容提要

本书通过通俗易懂的语言详解题目规则和解题方法，精选了不同难度的练习题，便于爱好者上手，一学就会。除本书习题外，还通过“康思谜题”网站及专属 APP 为读者提供相应的习题，共约 1000 道。同时我们还提供了网站、论坛、微信和微博等多种方式让读者与作者有更好的交流。在本书的最后一章收集了有利于培养专注力和逻辑思维能力的数字益智谜题——连数字谜题。全书题目均配有答案。本书适合 8~99 岁各个年龄段的爱好者，提高逻辑思维能力，培养数学兴趣，亲子共读，成就最强大脑。

责任编辑：李小娟　　**责任印制**：刘译文

玩出来的逻辑思维　填方块谜题

WANCHULAI DE LUOJI SIWEI TIANFANGKUAI MITI

康思谜题　编著

出版发行：知识产权出版社有限责任公司
网　　址：http://www.ipph.cn
http://www.laichushu.com
电　　话：010-82004826
邮　　编：100081
社　　址：北京市海淀区气象路 50 号院
责编邮箱：lixiaojuan@cnipr.com
责编电话：010-82000860 转 8531
发行传真：010-82000893
发行电话：010-82000860 转 8101
经　　销：各大网上书店、新华书店及相关专业书店
印　　刷：三河市国英印务有限公司
印　　张：4.25
开　　本：880mm × 1230mm　1/32
版　　次：2019 年 5 月第 1 版
印　　次：2019 年 8 月第 2 次印刷
字　　数：144 千字
定　　价：29.00 元
ISBN 978-7-5130-6104-9

前言

谜题是一种好玩的益智休闲游戏，风靡世界数十载，世界各地每年都有大大小小的各类谜题比赛。例如，世界谜题锦标赛已连续举办了 29 年。常玩谜题，可以健脑益智。尤其是可以提高孩子的逻辑思维能力和数字学习能力等。上海师范大学心理系教授从几个维度分析了谜题与智商的关系，认为它和智力相关，即谜题涉及到数个重要的认知功能：如感觉、知觉、注意、记忆、思维能力、创造力……而这些都是智力重要的组成部分。经过对数学学习与智力之间关系长期的研究，发现数学学不好，在智力上其实有不同的成因。有些孩子计算能力不行，尤其是中央执行控制能力和语音能力，前者控制注意力，抵制外界干扰，后者指的是语音记忆能力密切相关。例如，将一串听到的数字倒过来复述，这些孩子就有困难。有些孩子几何学得不好，原因则是视觉空间能力上的缺陷，主要是方位记忆能力差。

谜题在这两种能力上都有涉及，而这两种能力与学业智力有高度相关性。此外，谜题还和智力中的工作记忆系统有关。谜题与智力中的逻辑思维能力关系则更加紧密。而智力的核心就是思维能力，其中包括发散思维、逻辑思维等，而推理能力是逻辑思维的体现。所以，玩谜题，可以潜移默化地训练一个人上述的几种智力因素，提高思维能力和数学学习能力。

“玩出来的逻辑思维”系列图书是由世界领先的谜题设计及发布公司——康思谜题从全世界 100 多个国家的数百万谜题爱好者的大数据中甄选出的最欢迎的 6 种谜题集结成书，分别是《岛谜题》《战舰谜题》《数独谜题（上）》《数独谜题（下）》《井格谜题》《数和谜题》和《填方块谜题》。每本书中不仅设置了不同难度的题目和答案，还针对书中的题目编写了有针对性的解题方法，爱好者更容易上手，一学就会。

康思谜题（Conceptis Ltd.）是世界上领先的逻辑谜题出版商和逻辑游戏提供商。康思谜题每年为全世界 100 多个国家数以百万的谜题爱好者创造出超过 25000 道新的逻辑谜题。每天有超过 2000 万道的康思谜题在全世界的报纸、杂志、图书、在线网络及智能手机、平板电脑上被爱好者解出。截至 2018 年年底，康思谜题已出品超过 18 款逻辑谜题，内容包含图形逻辑谜题和数字逻辑谜题，是广大谜题爱好者最喜欢也是出品电子谜题种类最多、最专业的谜题公司。康思谜题致力成长为谜题内容最优质的提供者，将逻辑谜题的快乐带给每一位喜欢脑力挑战的爱好者，将游戏的快乐融入到教育之中。

“玩出来的逻辑思维”系列图书是一套关于玩的书，在玩中培养数学兴趣，激发无限潜能，释放天性，更是一套适合亲子共读的书籍。

玩出来的逻辑思维

目录 /CONTENTS

第一章

填方块规则
及解题方法介绍

一、规则

填方块游戏的目的是根据提示数字填涂网格中的方格，绘出一幅藏在网格背后的像素画。具体来讲，每道谜题由一个空网格构成，网格的左边及顶部有提示数字。在填涂方格过程中，一个或者若干个连续填涂的方格被称为方格堆，每个方格堆中方格的数量与它对应顺序的提示数字相等，并且相邻的方格堆至少有一个空方格将它们隔开，如某行提示数字为“2、 4、 5”，则该行有 3 堆方格堆，大小分别为 2 个方格、4 个方格和 5 个方格，且方格堆按照“2 、4 、5”这一顺序摆放。

二、解题方法

分析题目中一行或者一列中的线索来推算出图块的放置位置，同时用“X”或者“点”来标记空白格，例题及答案如图 1 和图 2 所示。

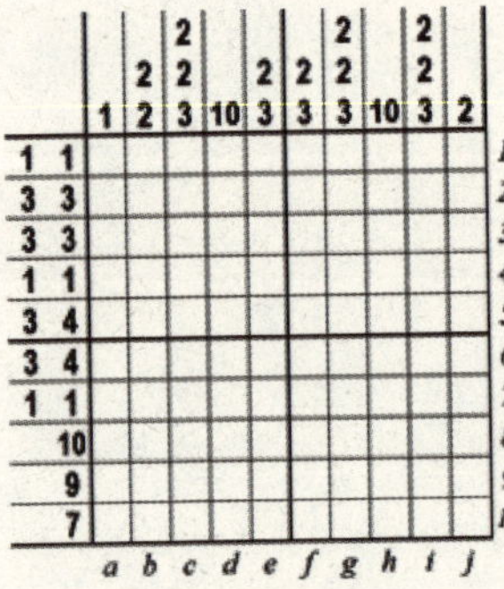

图 1 填方块例题

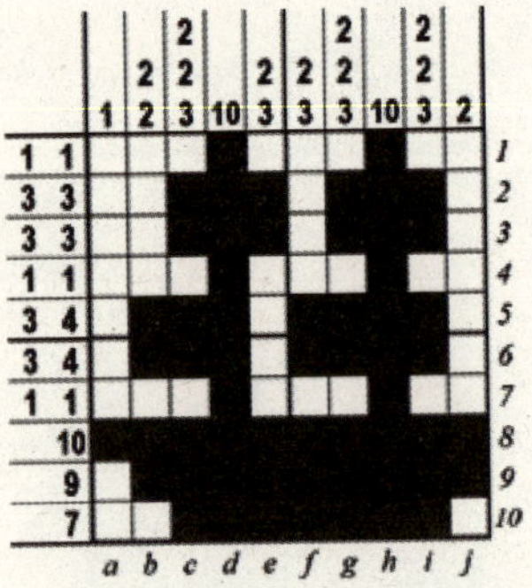

图 2 填方块例题答案

下面通过解题步骤来了解解题方法。

步骤 1：寻找最长的图块。在简单的填方块谜题中，有些图块，需填满整个行或者列，如图 3 中的第 8 行、第 d 列和第 h 列。核对已经解出的线索，从而判断出对应的哪些线索数字不会再用到，并用“\”做标记，避免干扰余下的线索，如图 3 和图 4 所示。

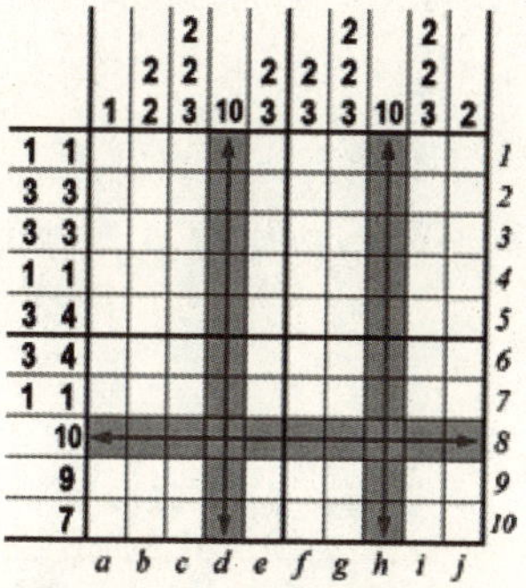

图 3 填方块步骤 1

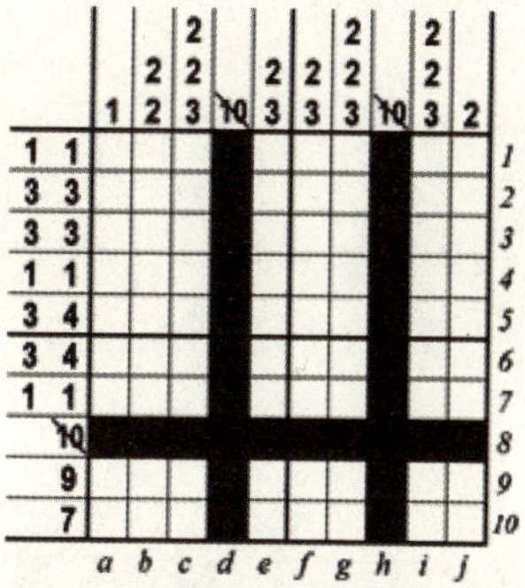

图 4 填方块步骤 1 答案

步骤 2：寻找所填图块大于半个网格长度或者宽度的情况。观察图 5 中第 9 行 9 个方格宽的图块，左右移动该图块，如两个箭头所示，灰色显示的 8 个方格宽的区域都是重叠

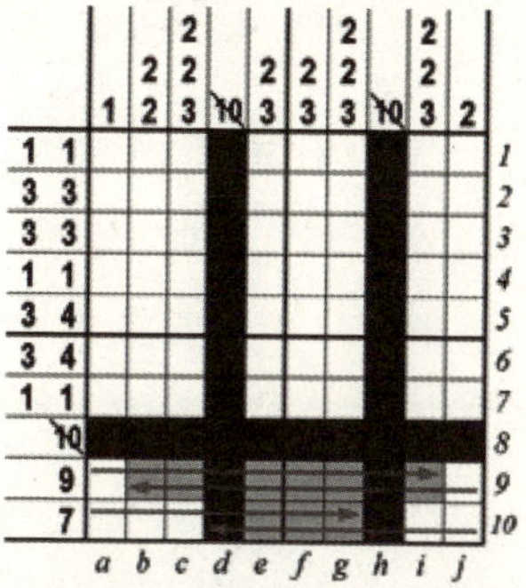

图 5 填方块步骤 2

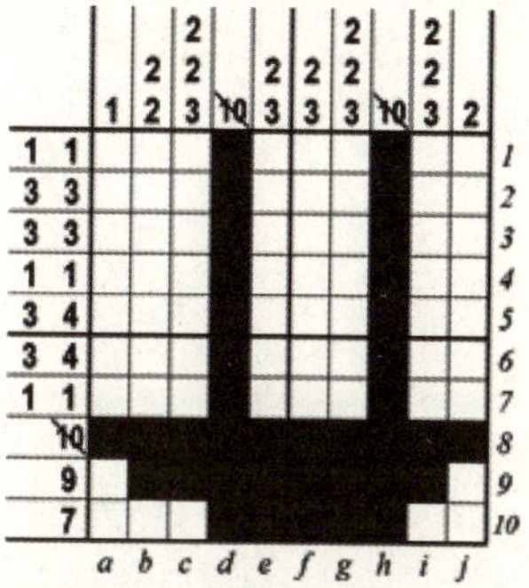

图 6 填方块步骤 2 答案

的，因此可以将其填充为黑色。同样的方法也适用于第 10 行 7 个方格宽的单一图块，如图 6 所示。

步骤 3：观察图 7 把填充后的方格当作新的线索。第 a 列中包含一个之前被填充好的方格，这也就意味着线索“1”已经用完，其余方格应为空格，所以将该列中其余的方格标记为“X”。第 b 列中包含两个方格长的图块，并且底部图块，已经填充好，因此，将其上下的方格标记“X”，以示为空格。第 j 列包含一个 2 个方格长的图块，并且其中一个方格已经涂画上，尽管不知道应该涂画上下相邻的哪个方格，但可以找出此列中的空白格标记“X”，再通过其他线索解题，如图 8 所示。

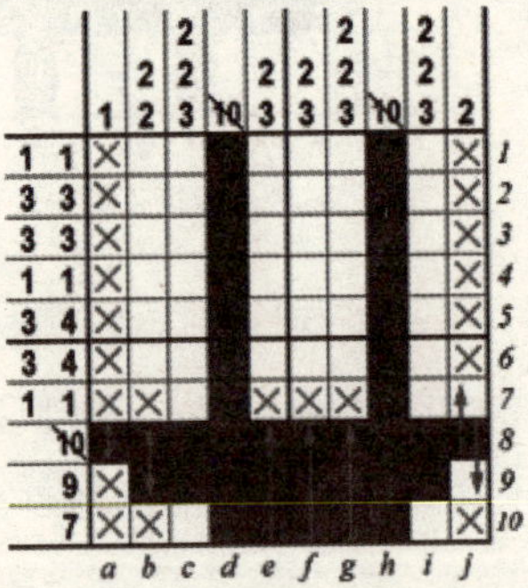

图 7 填方块步骤 3

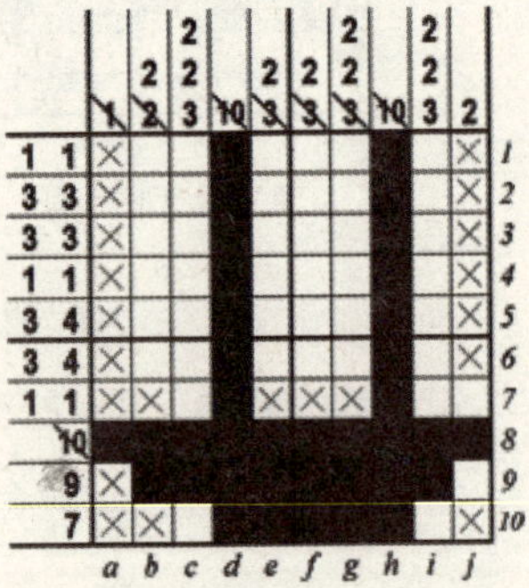

图 8 填方块步骤 3 答案

步骤 4：图 9 中的第 1 行、第 4 行和第 7 行的线索已经满足，对应行中其余的方格为空方格，因此将其所在行的其余方格标记“X”。第 9 行中包含一个长度为 9 个方格的图块，其中的 8 个方块已涂画上，因此涂画上剩余的最后一个方格，如图 10 所示。

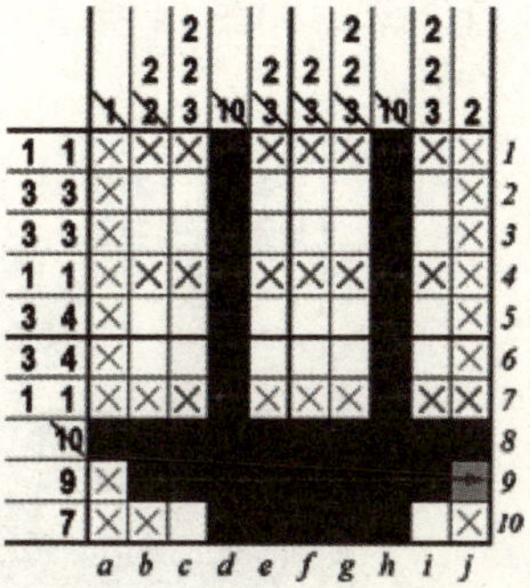

图 9 填方块步骤 4

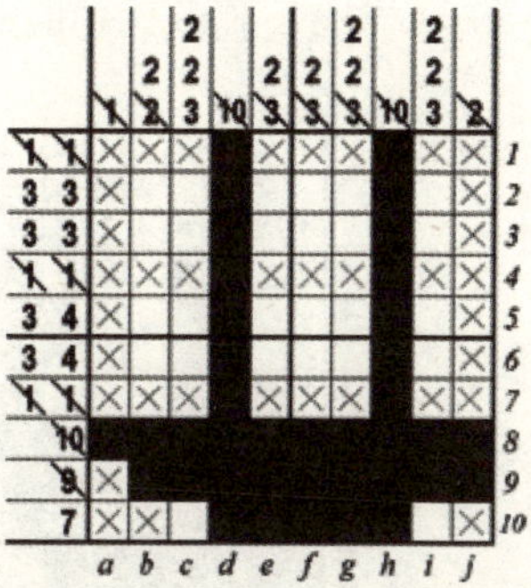

图 10 填方块步骤 4 答案

步骤 5：在图 11 的第 c 列中，只有一种方式填充长度为 3 个方格的图块，以及其余的两个长度为 2 个方格的图块。同样地，将第 i 列涂画好，同时，在第 g 列中涂画好剩余的两个长度为 2 个方格的图块，如图 12 所示。

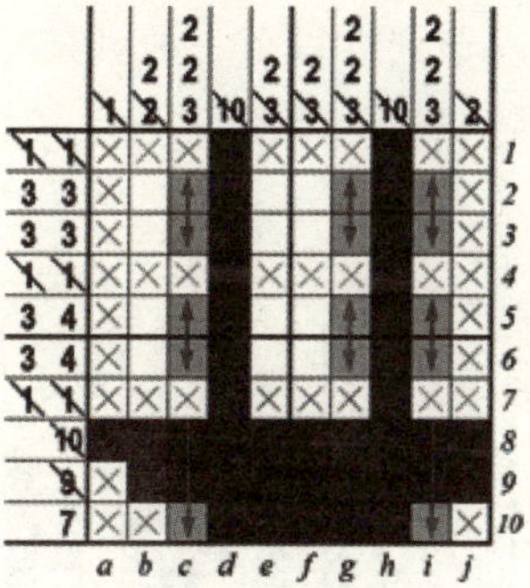

图 11 填方块步骤 5

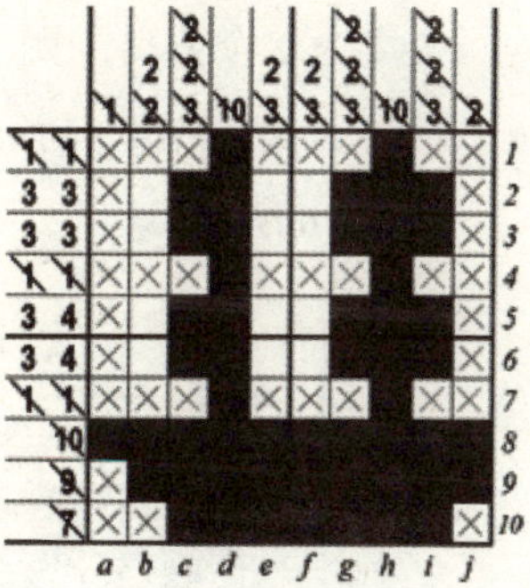

图 12 填方块步骤 5 答案

步骤 6：图 13 中的第 5 行和第 6 行只有一种方式填充长度为 3 个方格及长度为 4 个方格的图块。第 2 行中包含两个长度为 3 个方格的图块，其中位于右侧的图块已经完成，因此，该图块左侧相邻的方格必为空格，标记“X”。

同样地，对第 3 行也进行如上推理，如图 14 所示。

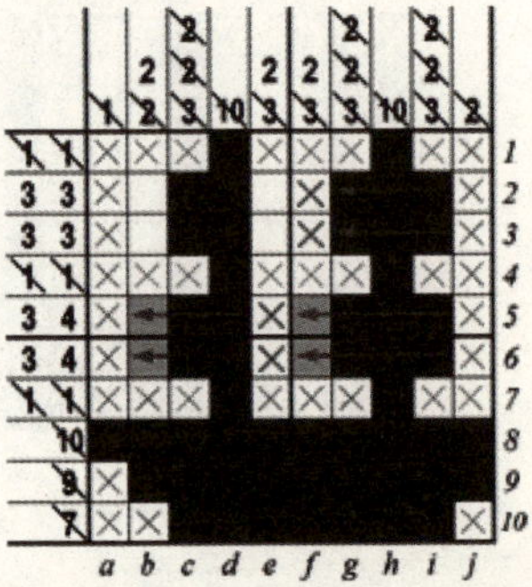

图 13 填方块步骤 6

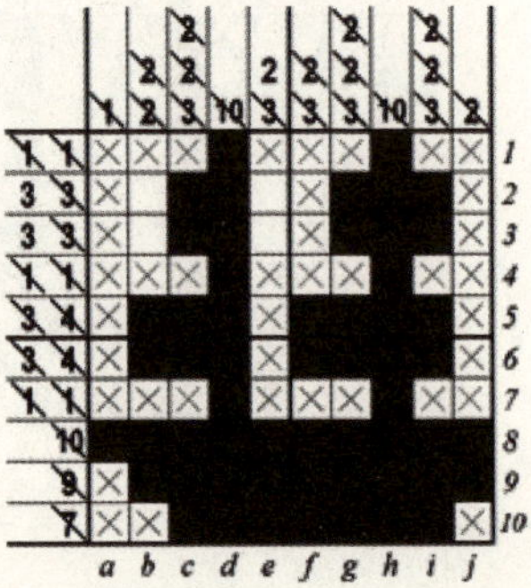

图 14 填方块步骤 6 答案

步骤 7：如图 15 所示，在第 b 列中，两个长度为 2 个方格的图块已经填充好，根据提示数字，该列其余的方格为空格，将其标记“X”。第 e 列中刚好是相反的情况，长度为 2 个方格的图块，在该列中只有一种填充的方式，将其填入空格内。随着最后的两个方格填充好，谜题完成，如图 16 所示。

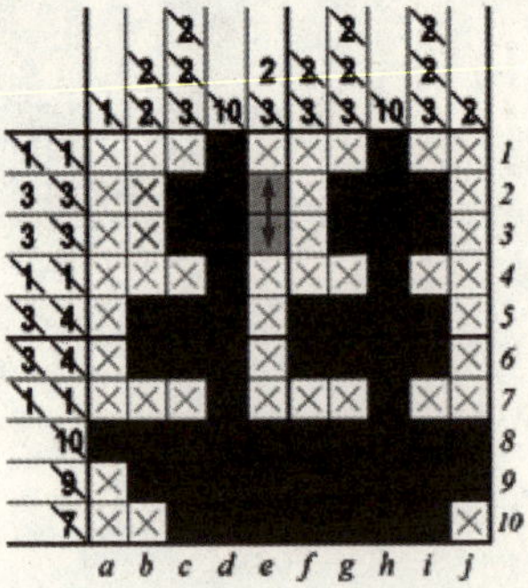

图 15 填方块步骤 7

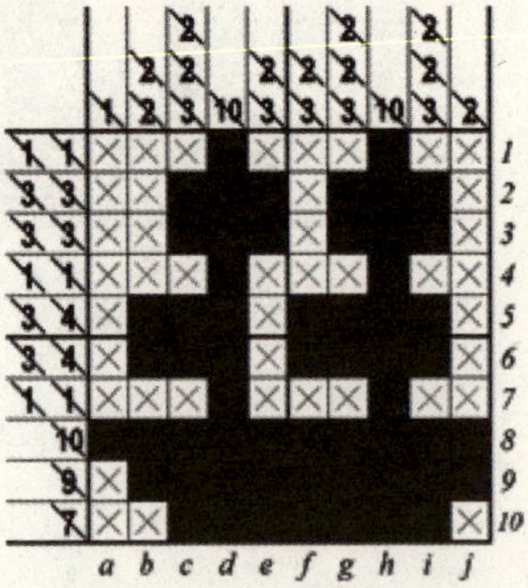

图 16 填方块步骤 7 答案

步骤 8：通过逻辑推理，这道填方块谜题已经解出，是一幅帆船的图画，如图 17 所示。

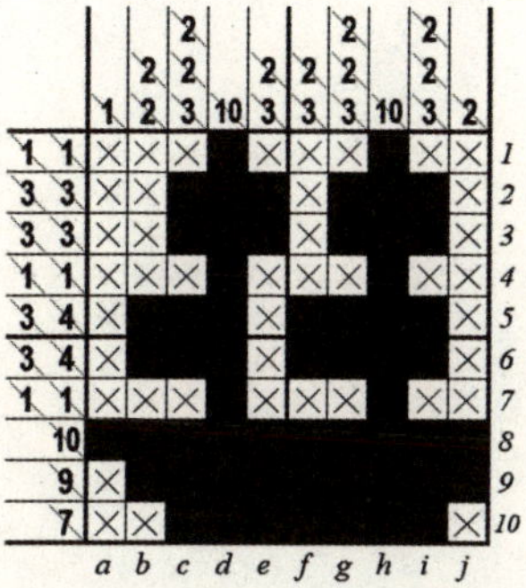

图 17 填方块例题答案

第二章

填方块练习题及答案

	1	5	4	2	4
2					
3 1					
4					
4					
1 1					

001

卡点小提示：

第一步将第 b 列的 5 个方格填满。观察一下第 5 行，根据填方块的规则，相邻的方格堆，至少有一个空格隔开。因此，a5 格和 c5 格应标记“X”。

	2	1 2	4	4	1
2					
1 2					
4					
4					
1					

002

卡点小提示：

第 c 列中应包含一个长度为 4 的方格堆。不管从顶部开始还是从底部开始填涂，都将会产生一个长度为 3 的重叠区域，因此，将其填涂上。同样地，填涂第 d 列、第 3 行和第 4 行的重叠区域。

	3	4	4	4	3
2 2					
5					
5					
3					
1					

003

卡点小提示：

第一步可以填涂第 2 行和第 3 行长度为 5 的方格堆。第 a 列无论如何填涂长度为 3 的方格堆，a5 格始终会是空格，将其标记“X”。同样地，填涂第 e 列。下一步观察第一行，唯一一种填涂两个长度为 2 的方格堆的方式是将 c1 格标记“X”，然后将剩余格填涂上。

卡点小提示：

将第 b 列和第 e 列填满。观察第 1 行，推理出唯一一种填涂长度为 4 的方格堆——将 c1 格和 d1 格填满。

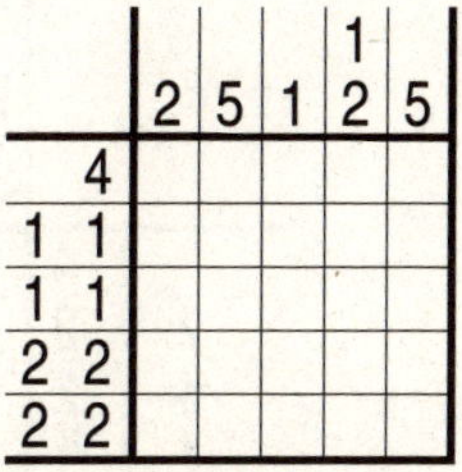

004

卡点小提示：

观察第 a 列，推理出唯一一种安排两个长度为 2 的方格堆的方法是将 a3 格标记“X”。同样地，推理出第 e 列、第 1 行和第 5 行。

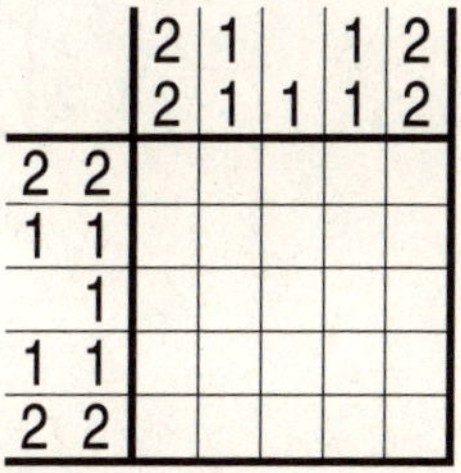

005

	3 4	2 2 2	1 1 4	8	1 6	2 4	1 1 1 1	2 4 1	2 1	6
1 4										
2 1 2										
4 1 2										
1 1 1										
4 1 1										
2 3 1 1										
1 4 1 1										
1 5 1										
6 1										
4 2										

006

	2	2 5	1 1 1	3 2 1	1 1 1 1	1 1 1 1	3 2 1	1 1 1	3 4	7
4										
1 1										
8										
1 2										
1 2										
8 1										
1 1 1 2										
1 2										
1 2										
9										

007

	7	5 2	5 2	7	1	3	2 1 2 1	1 4	1 1 1 2 1	3
2 1										
2 1 1										
2 1 1										
4										
4 5										
1 1 1 1										
1 1 5										
1 1 3										
4 1										
4 3										

008

	3 3	1 1 2 1	1 1 2 1 1	1 1 1	5 1	1 1	2 2 1	1 2 2 1	1 1 1 1	2 4
3 2										
1 1 1 1										
1 1 2 1										
2 1 2										
1 1										
2 3 1										
2 1 2 1										
1 1 3										
1 2 1										
3 3										

009

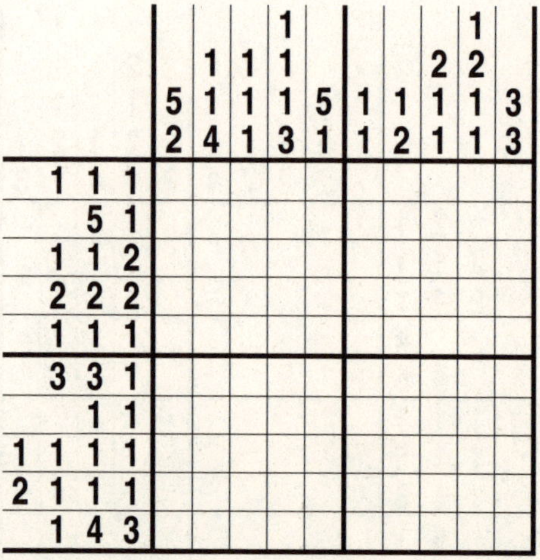
5 2
1 1 4
1 1 1
1 1 1 3
5 1
1 1
1 2
2 1 1
1 2 1 1
3 3
1 1 1
5 1
1 1 2
2 2 2
1 1 1
3 3 1
1 1
1 1 1 1
2 1 1 1
1 4 3

010

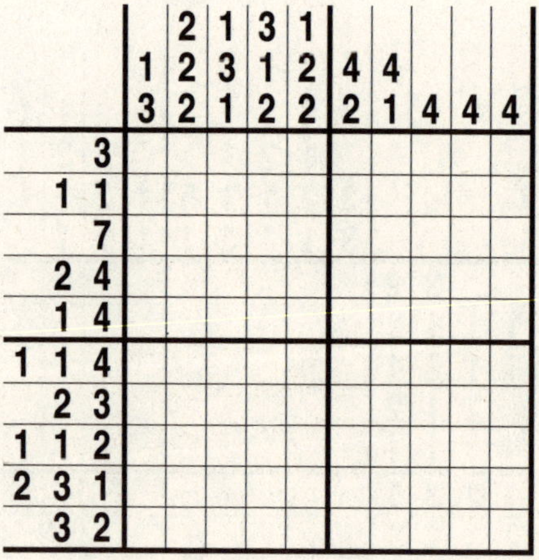
1 3
2 2 2
1 3 1
3 1 2
1 2 2
4 2
4 1
4
4
4
3
1 1
7
2 4
1 4
1 1 4
2 3
1 1 2
2 3 1
3 2

011

	5 1 1	1 2 1	3 2 1	1 1 1	4 2	2 2 1	1 2 1 1	1 2 2 1	2 2 2	4 1
4										
1 1 2 2										
3 1 2 1										
1 1 1 2 1										
1 3 2										
2 4										
2 1										
1 3 1										
1 6										
1 2										

012

	4	3 1 2	3 4	1 1 1 4	5	4	1 1 1 3	1 1 4 1	3 4	5 2
2 3										
2 2										
3 4										
2 1										
1 2 2 1										
1 1 2 3										
9										
7										
6 2										
1 1 1 1										

013

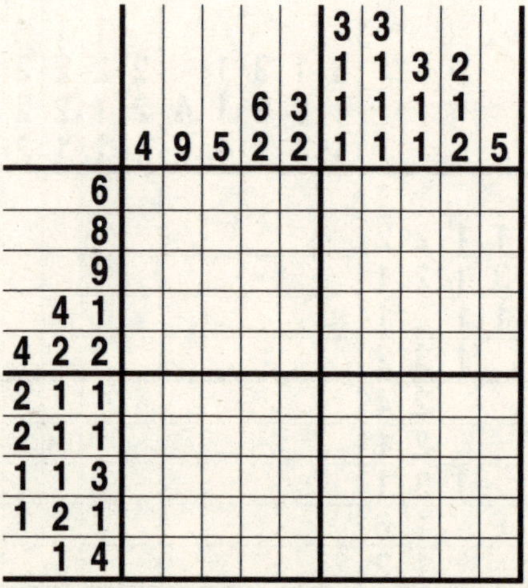
4
9
5
6 2
3 2
3 1 1 1
3 1 1 1
3 1 1
2 1 2
5
6
8
9
4 1
4 2 2
2 1 1
2 1 1
1 1 3
1 2 1
1 4

014

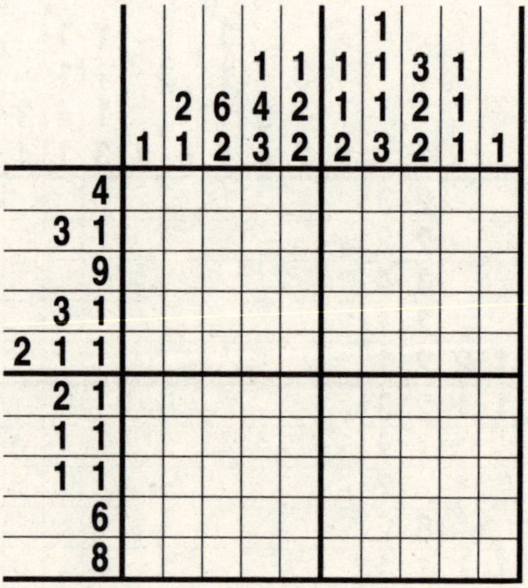
1
2 1
6 2
1 4 3
1 2 2
1 1 2
1 1 1 3
3 2 2
1 1 1
1
4
3 1
9
3 1
2 1 1
2 1
1 1
1 1
6
8

015

	7	1 6	1 1 3	2 1 1 2	2 5	2 2 2	2 1 1 2	1 1 3	1 6	7
8										
1 4 1										
1 1 1 1										
2 1 1 2										
2 2										
2 4 2										
2 2 2										
3 1 3										
8										
6										

016

	2 3	1 4 2	3 1 4	1 1 4	1 1 1 2	1 1 2	3 1	1 1 1 1	3 3 1	1 4
3 3										
1 1 1 1										
1 5 1										
1 2										
2 1 1										
1 2										
5 2										
1 2 1 2										
6 1 1										
4 1 2										

017

	4	1 2 2	2 1 1 2	2 5	3 2	3 1 1	7 1	3 1	3 2	2
5										
8										
9										
1										
3 1										
2 1 1										
1 2 1 1										
1 1 1 2										
4 1										
5										

018

	1	1 3 1 1	2 1 5	1 5	3 6	1 3 3	2	5	6	1 4
2 2										
3										
1 2 1										
2 1 1										
1 2 2										
1 3 3										
4 3										
4 3										
7										
7										

019

	1	1 3	4 1 2	2 1 1	2 1 1	3 1 2	4	3 1	8	3
4										
1 4 1 1										
1 1 3										
1 1 3										
2 1										
1 4										
1 1 1										
1 1 1										
2 2 1										
4 1										

020

	1	2	1 4	3 2 1	5 3	3 1	3 2	1 3 1	1 3	4
2										
1 2 2										
2 2 1 1										
1 3 2										
1 6										
1 5										
2 1										
4										
1 1										
2 1										

021

	6	2 1 1	1 1 1 1	2 1 1	1 1 1 1	1 1 1 1	2 1 1	1 1 1 1	2 1 1	6
2										
1 1										
8										
2 2										
1 1 1 1										
2 4 2										
1 1 1 1										
1 1										
1 1										
8										

022

	3 3	1 1 1	1 1 2 2	1 4 1	1 1 2	2 1 1	1 6	1 2 2	1 1 1	3 2
6										
1 1 1										
1 1 1										
1 1 1										
1 6 1										
3 3										
1 1										
1 1 1										
1 1 1 2 1										
6 3										

023

	4 1	6	4	3	3 2 2	2 1 2	4 4	3 1 4	2 1 1 2	2
3 3										
9										
8										
3 1										
2 2 2										
1 1 1										
1 4										
1 3										
5										
1 3										

024

	4 1	1 2	1 1 3	1 2 1 1	3 1 1	2 1 2	3 1 2	1 6	2	1 1
3										
1 4										
1 1 3 1										
1 2 1										
4 1 1										
2 1 2										
2 1 3										
1 5										
2										
1 1										

025

	3 1 1	3 2 2	4 2 1 1	6 1 3	2 4 3 1	1 3 1	1 2 1 3 1	2 1 1 1 3	4 1 2 1 1	1 3 2 2	1 1 4 1 1	1 2 1 2	3 1 1 1	1 1 2	2 1 1
4 2															
2 2 1 1															
1 2 4															
3 3 2 1															
6 2 2															
5 3															
11															
1 1															
2 2															
2 2															
3 3															
1 1															
5 9															
1 1 1 1 1 1															
1 7 1 1 1															

	1 1	1 1 5 4	1 1 9	7 2	1 1 2 1	1 1 1 1 1	1 2 1	6 3	2 1 4	1 5 5	1 5 2 2	1 5 1 2 1	2 1 1 1	2 4 1	6 3
1 5															
1 1 2 2															
1 1 1 3 2															
1 3 1															
4 1 3 1															
1 1 1 3 1															
11 1															
3 2															
3 1															
5 4															
3 5 2															
2 2 3 2 1															
2 1 3 1 1															
3 1 3 1															
4 4															

	1 1 2 2	3 3 1 3	1 1 1 1 3	2 4 3	1 2	5 2 1 1	3 1 5 1	2 2 2 1	2 1 1 1 2	2 1 4	3 3	5 3 1	3 1 2	10 3	6 6
3 8															
1 1 10															
2 2 5															
1 1 2															
3 2 2 1 2															
1 1 1 2															
2 1 1 2															
2 3 1															
3 1 1															
2 3 7															
1 1 2 3 1															
1 2 4 1															
5 2 2															
3 1 1 3															
2 1 1 4															

028

	5	1 2	2 2 1	1 6 3	1 1 3	1 4 2 1	3 3 1 2	2 2 4	1 1 1	1 1 4	1 2 1 2	1 1 2 1	1 1	1 2 1 1	5 4
2															
1 1															
1 1 1															
3 1															
1 1 2															
1 1 4 1 1															
1 3 1 1															
1 2 1															
2 2 2 2															
1 4 1															
1 2 2															
1 1 7 1															
1 2 1 1 2															
2 1 2 2 1															
4 3 3 2															

	3 2	2 2 1 1	1 3 1	2 1 1 1	1 4 2 3	1 2 2 3 1	2 1 1 1	1 1 1 5	1 1 1 1	2 1 1 3 1	1 2 3 3	1 3 1 1 1	2 1 3 1	2 2 1 1	3 2
2 2															
1 4 1															
1 2 2 1															
2 2															
1 1															
1 4 1															
5 1 2															
2 7 2															
1 1 1 1															
2 1 2															
3 1 1 1 3															
1 1 1 1 1															
2 2 1 2 2															
1 2 1 2 1															
3 7 3															

030

	5 4	5 2 2	3 1 3	2 1 2 1 3	2 1 1 5	2 1 1 1 1 3	4 1 1 1	1 1 2	1 3 2	2 2 2	1 1 2 1	5 2 1 1	2 1 3 2	1 5	6
5 1															
7 2															
3 1 3															
2 1 2 1															
2 1 3															
1 1 2 2															
1 2 6															
1 1 2 4															
1 2 1 3															
1 1 3 2															
1 3 2 1															
1 1 1 2															
5 2 2															
6 2 1															
4 4															

	3 4 2	4 2 4	2 2 4	1 2 2	2 2	3 6	2 1 1	2 1 2	1 2 2	2 1 2	3 2 2	2 2 1 2	3 1 1 2 1	5 1 1 1 1	3 2 1 1
1 3															
3 5															
7 1 3															
2 4 2 2															
2 1 2 3															
2 2															
1 2 1 2															
2 2 5															
2 1 1 1															
1 1 1 2															
1 2 2															
2 2 4 1															
4 1 2 1 1															
4 1															
2 1 1															

032

	2 3	1 4 2	1 4 1 1	2 3 3 2	1 4 5	4 2 4	2 3 2 1	1 1 1 1 2 1	3 1 1 2	1 1 2	1 1 2 4	5 5 2	2 1 3 1 1	2 2 3 2	2 1 3
4 4															
2 2 1 5															
1 3 1 1															
3 1 1															
1 1 6															
2 3															
3 2															
7 2															
3 1 2															
6 1 3															
5 1 4															
2 3 4 2															
1 1 7 1 1															
2 2 2 2															
3 3															

	1 2	3 2 1 3	2 2 2 5	4	5 2	2 4 2	1 4	2 2 1 2	1 1 1 1 1 1	1 1 1	1 4 3	5 2 1	3 3 1	14	7 3
5															
1 1 3 3															
2 2 5															
1 1 5															
2 1 2 2 2															
1 1 1 1 1 2															
2 2 1 3															
2 1 3															
1 1 1 3															
1 2 1															
1 1 1 1															
3 3 1 1															
3 3 2 2															
5 3 2															
3 5															

034

	3 3	1 1 1 1 1	2 1 5 1	1 2 1 1 1 1	1 1 1 2 1	1 1 1 1	1 1 2 2	1 1 1 1 3	1 1 1 5	1 1 1 2	1 2 2 1 1	2 2 1	1 1 4 1 1	3 2 3 1 1	1 4 2
2 2															
1 1 5 1 1															
1 2 3 1															
1 5 1															
2 3															
2 3 5															
1 1 2															
2 1 3															
1 1 3															
1 2															
4 1 2															
1 2 3 1 1															
2 1 3 1 1															
1 4 1 1															
5 3 2															

	1 4	5 5 2	2 2 1 1	2 1 1 1	3 1 1 1	5 1 3 2	1 1 2 1 4	1 1	4 4	1 1 3 2	1 1 1 1	2 2 1 1	1 1	3 2	4
5															
7															
1 2 2															
1 2 1 1															
1 1 1 1															
3 5															
2 2 1															
1 1 3															
1 2 1 1 1															
5 1 1															
2 2 2 1 2															
1 1 1 1															
1 1 1 1															
2 2 2 2															
5 5															

036

	2 2	2 1 1	2 1 2	1 5 1 1	3 2 1	3 1 2 3 1	2 1 6	2 1 2 3 1	2 2 2 2	1 1 1 1 3 1	1 3 5	3 1 4 1	2 1	1 1	3
7															
2 6															
2 3 1															
1 1 1 1															
1 1 2 1															
1 2 1															
2 1 3															
9 1															
4 1 2 1 1															
1 1 1 1															
2 8															
10															
3 3															
1 1															
3 3															

	1 4	1 1 1 3 1	1 4 1	2 1 3	1 2 2 4	1 1 3 1	3 1 5 1	5 2 1	2 1 4 1	5 9	1 1 1 1 4	1 1 2	3 1 1	1 1 7 1	2 1
1 5															
1 1 4 1															
1 1 2 2															
3															
1 4 5															
2 1 1															
2 2 6															
1 1 1 1 1															
3 4 1															
2 5 1															
1 3 2 1															
2 3 3 3															
1 2 2 1															
7 3															
1 7															

038

	3 3 1	3 2 3	3 3 1	6 1	5 3	5	6 5	8 1	4 1	2 3	5 2 1	2 6 2 1	3 2 3	4 4	2 2
3															
5															
4 2 3															
7 2 2															
9 2 1															
9 1															
1 7 2															
3 7															
2 1 3															
3 1 1															
1 1 2 2															
1 1 1 2 1															
2 1 3															
1 1 2															
3 3 2															

	2 2	4 4	1 1	3 2	3 2	1 4	1 4	2 3	1 2 2 2	1 1 1 6	4 1 3 2 1	2 1 5 3	11 1	1 6 2	2
2 3															
1 5															
2 1 2 1 1															
2 4 5															
1 1 2															
6															
3 3															
1 1 7															
2 1 9															
2 3 4 1															
1 2 2 2															
4 3 1															
2 3															
2															
2															

040

	1 2 2 2	2 4 2	2 2 2 2	2 2 1 1 1	1 1 1 3 1	2 2 6 1	10 4	2 1 1 3 3	1 3 4 3	1 3 1 2 4	2 9 1	2 1 2 3 1	2 3 1 1	5 1 2	2 1 1
1 2 2 1 2															
3 4 5															
2 2 2 2															
1 2 2 1 2															
3 7 2															
4 1 1 3															
1 2 2 5															
2 2 1 1 1															
1 8															
12															
1 2 2 2 1															
1 2 2 1															
1 8															
3 4															
3 6															

	5 2 3	3 1 8	1 2 2 5	2 6	1 5 1 1	3 2	2 4 1	5 7 1	3 3 3 3	2 1 3 2 1	3 1 1 1	5 2 1 2	6 2 1	3 2 1 2	6
2 1 5															
2 1 7															
4 3 4															
1 1 1 1 3															
2 2 3															
1 1 2 1															
1 1 3 3															
7 3 2															
2 6 1															
9 3															
3 3 1 1															
3 1 3 1															
10 2															
3 1 1 3															
2 1 5															

	2 4	3 2 2	2 2 2	2 3 3	4 5	1 3 6	1 8	4 2	3 2 2	1 1 1 1	1 2 2 1	2 1 3 1	1 1 3 2	4 2 2	1 5
4 4															
7 1 2															
2 1 3 1															
3 4															
1 2 1															
2 2 3															
2 2 2															
2 9															
1 5 2 2															
1 4 1															
2 4 1															
6 1															
4 1 2															
2 2															
5															

	6	5	5	2	4	3 1	2 2 3 1	1 6 1	1 2 3	2 2 2 4	2 3 4	1 2 4	1 1 2 3	4 1 3	4 3
4 3															
1 2 1															
1 1 1															
1 1 3															
2 1 1 1															
3 3 1															
1 4 3															
1 2 2															
2 1															
3 2															
3 1 5															
3 2 7															
2 1 8															
3 1 4 1															
3															

044

	4 1	2 2 1	1 1 1 2	2 1 2	3 2 2 2	2 1 1 1 4	1 2 5	2 1 5	1 2 1 4	1 4 2 2	1 2 2 2	1 2 4	2 2 6	2 6 4	7 2
8															
2 1 2															
1 1 3 2															
4 5 1															
1 3 3															
1 2 2 2															
1 1 2 2															
2 2 4															
1 6															
1 1 1 4															
2 1 3 1															
9 2															
5 2															
7 2															
8 2															

	1	2 2	2 2 1	1 4 1	1 1 2 1 1	5 3 1	3 1	7	3 3 2	3 3 2 1	2 3 3 1	1 2 2 2 2	1 1 1 5	1 2 2	5 1
2 2 5															
1 1 2 1															
1 1 1 2 1															
4 2 1 1															
1 1 1 1 1 2															
5 2 4															
3 2 3															
5															
9															
1 1 2 3															
1 1 2 1															
4 1															
1 1 2															
5															
2															

046

	3	9	7	3 1 2	2 1 1	2 2 1 1 1 1	3 4 2 1	3 1 1	3 4 1 1	2 2 1 1 2 1	3 2 2	3 1 1 2	4 3	6 2	4 3
2 2															
5															
3															
1 3															
5															
4 7															
6 1 3															
3 1 2 1 2															
2 2 1 2															
2 1 1 2															
4 1 3															
3 1 1 2 2															
2 1 5 1 2															
1 2 2 1															
1 6 1															

						1					1	1	4		
						3	1		2	1	2	2	1		
					1	2	2		2	2	1	1	1	3	
			6	2	6	1	3	3	3	1	1	1	1	1	2
	5	13	8	9	4	4	5	11	2	1	1	1	1	2	3
12															
3 2 3															
2 3 5															
2 3 5															
2 2 3															
2 1 2															
1 5															
7															
5 2 3															
4 1 3 1															
4 3 1 1															
8 1 1															
8 4															
8 1															
11															

048

Column clues	3 5	1 2 1 2	1 1 4 1 1	1 1 2 2	1 3 2 1	2 5 3	4 2 1	3 3	3 1	2 1 4	2 3 1	1 1 3 1 1	2 1 2 1 2	2 2 2 1	13

Row clues
4 3
1 2 1 2
1 1 1 1 2
1 1 1 1
3 2 2
1 2 3 2
1 2 6 1
1 5 5
1 3 1 1 2
2 1 1
1 2 2
2 2 1 1 1
1 1 1 1 4 1
1 1 1 1 1 1
5 1 2 1 1

	4	4 3	5 6	2 5 2	2 7 1	1 6 2	4 4	3 6 1 1	2 6 1	1 5 3	4 1 1 1	2 2 1 1 2	2 2 1	4 2 1	3
8															
2 3 3															
2 3 2 2															
1 3 3 1															
2 2 3 1 1															
2 2 3 1 2															
2 2 3 1															
2 3 2 1 2															
1 3 3 3															
1 3 2 1															
4 2 3															
3 2 1															
2 1 5															
2 2															
1 1 1															

050

20*20~25*25 练习题

Column clues (left to right, top to bottom):

Column	Clue
1	4
2	7
3	8 4 2
4	1 1 1 5 1 1
5	1 2 1 3 1 2 1
6	1 2 1 1 2 1
7	1 4 1 1 1 1
8	1 2 1 5 1
9	1 2 1 2 4 2
10	1 1 1 1 1 1 1
11	8 1 1 1 1
12	7 1 1 1
13	4 1 4
14	1 1 1
15	1 3 1
16	1 1 1 1 1
17	4 2 1
18	6 2 2
19	3 3 6
20	2 4

Row clues (top to bottom):

Row	Clue
1	5
2	1 1
3	1 1 1 1
4	2 1 1 2
5	2 2 1
6	3 5 3 3
7	4 3 4 3
8	3 1 3 3
9	4 1 4 2
10	2 2 2 2 3
11	1 1 3
12	5 8 2
13	2 2 2 1
14	3 3 3
15	2 2 1 1
16	2 1 5 1 1
17	3 1 1 1
18	2 2 4 1
19	1 2 2 2
20	5 3 6

列	提示
1	5 7
2	3 1 3 9
3	3 2 2 1 6 2
4	1 2 4 2 3 2 1
5	2 4 4 1 7
6	1 5 2 2 8
7	2 2 4 1 7
8	5 3 3 1 6
9	2 2 2 2 2
10	2 2 2 2 7
11	2 6 1 9
12	1 3 3 7 2
13	1 3 2 3 2 3
14	2 1 2 2 7
15	8 2 6
16	3 3 2 6
17	5 4 4
18	7 6 3
19	2 4 11
20	4 8

行	提示
1	3
2	3 2 4
3	1 1 2 2 1
4	2 2 1 1 2 2 2
5	1 3 2 3 2 1 1
6	1 10 2 1 1
7	1 3 2 2 4
8	3 1 2 3 1 4
9	1 2 2 3 1 3
10	1 4 1 2 2 3
11	1 5 1 2 2
12	2 2 4 2 1
13	1 3 2 2
14	3 2 3 2
15	3 2 1 1 3
16	2 4 2 5
17	4 4 5
18	4 3 3 2 4
19	11 4 3
20	3 7 4 3
21	3 4 2 5 2
22	2 5 2 4 2
23	2 5 2 7
24	2 3 3 4
25	4 2 2

列	提示数字
1	4 1 1 2
2	3 2 2 1 2 1
3	5 2 5 2
4	2 3 1 6
5	1 2 2 4 3 3
6	5 3 2 1
7	4 2 5 2 2
8	1 8 3 2
9	2 3 6 3 1
10	5 1 5 2 2
11	2 2 1 2 4 2
12	5 2 2 1 3 3
13	3 1 1 9
14	3 2 1 1 9
15	1 2 1 5 4
16	5 1 1 4 2 3
17	2 1 2 2 7
18	1 2 2 8
19	1 1 1 2 1 8
20	1 1 2 2 7
21	2 1 1 1 2 1 7
22	2 3 3 2 6
23	3 2 3 5 2
24	1 5 2 4 3 2
25	2 14 4

行	提示数字
1	1 1 2 1 2
2	1 1 2 2 1 4 1
3	1 2 3 1 1 3
4	1 1 3 1 2 2 1 2
5	3 2 2 2 4 2
6	2 1 3 2 1 2
7	3 2 3 4 1 2
8	3 4 3 3 1
9	2 5 1 1 2 1
10	3 1 3
11	6 5 2
12	4 3 1 5 1
13	11 4 1
14	13 4
15	1 3 4 3
16	1 1 2 9 2
17	2 1 2 4 3 2
18	1 1 5 2 2 1
19	2 1 8 5 2
20	3 8 10
21	1 2 2 2 10
22	1 1 6 7 1
23	4 1 13 2
24	1 3 2 13
25	2 2 2 9

Column	Clues
1	8
2	1 1 4
3	5 1 1 2 2
4	6 5 2
5	4 3 2
6	1 1 3 3 2
7	1 5 4 4
8	6 4 2 2
9	2 2 4 1 1 1
10	2 3 4 2 2 1
11	6 1 2 2 1
12	3 1 2 1 2 2 1
13	3 2 1 2 1 1 1
14	6 1 1 2 2
15	1 4 4
16	1 6 3
17	4 4 3
18	3 3 1 1
19	5 1 2
20	4

Row	Clues
1	13
2	2 7 2
3	3 2 4 3
4	6 2 6
5	2 5 4 1
6	2 11 2
7	5 5
8	1 2 3 5
9	1 1 1 3 1 1
10	1 1 5 2 1
11	4 5 3 1
12	1 1 5 1 1 1
13	1 2 3 2
14	5 3 2 1
15	2 2 7 1 1
16	2 1 3 3
17	3 1 5 1
18	1 1 3 1
19	2 2
20	7

054

Column clues (left to right):

3 2
1 2 1
2 1 4
1 1 4
2 1 5
5 3 4
2 4 2 3 1 1
1 3 1 6
1 3 2 2 3
1 3 1 1 5
1 3 4 1 3 1
1 3 2 1 4
2 4 1 6
5 6 1 1
2 1 4
1 1 1 3
2 1 4
1 2 4
3 1
2

Row clues (top to bottom):

7
2 2
1 1
2 2
11
15
3 7 3
1 1
2 8 2
6 1 2 5
1 1 1
2 2 1
1 1
3 1 3
1 2 2 1
7 4
4 1 4 1 2
4 8 4
1 3 3 2 3 1
1 3 4 3 1

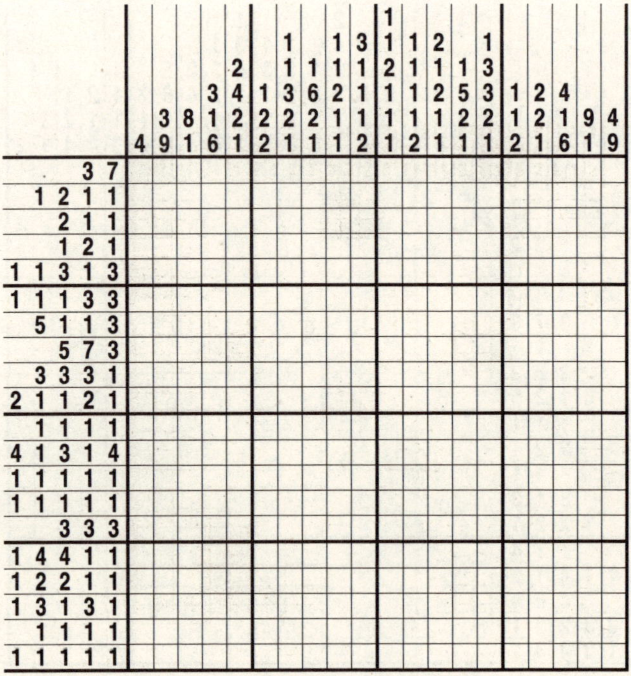
4
3 9
8 1
3 1 6
2 4 2 1
1 2 2
1 1 3 2 1
1 6 2 1
1 1 2 1 1
3 1 1 1 2
1 1 2 1 1 1
1 1 1 1 2
2 1 2 1 1
1 5 2 1
1 3 3 2 1
1 1 2
2 2 1
4 1 6
9 1
4 9
3 7
1 2 1 1
2 1 1
1 2 1
1 1 3 1 3
1 1 1 3 3
5 1 1 3
5 7 3
3 3 3 1
2 1 1 2 1
1 1 1 1
4 1 3 1 4
1 1 1 1 1
1 1 1 1 1
3 3 3
1 4 4 1 1
1 2 2 1 1
1 3 1 3 1
1 1 1 1
1 1 1 1 1

Column clues (left to right, each read top to bottom):

Column	Clues
1	5 2 5
2	1 4 1 2 3 1
3	2 1 3 2 1 1
4	1 4 1 2 3
5	2 3 3 3
6	2 2 4 2
7	2 2 1 2
8	5 2 1
9	2 1 6
10	1 8 2
11	2 7 1 1
12	2 4 3 1 1
13	2 1 2 1 3 3
14	1 2 4 3
15	1 4 3 1
16	2 1 3 1
17	3 5 1
18	1 2 4
19	1 3 1 3
20	1 3 4

Row clues (top to bottom):

Row	Clues
1	3 2 2
2	1 3 2 2
3	1 2 1 2
4	1 2 3 2
5	2 2 2 1 3
6	1 3 3 3 2
7	1 4 3 1 1
8	2 1 6 1
9	4 8
10	2 2 3 2 1
11	1 3 7 1 1
12	4 4 2 1
13	2 5 2
14	2 1 4
15	3 3 1
16	2 3 1
17	3 4 1
18	2 2 3 4
19	1 5 2 1 3
20	2 5 5 4

057

	6 5 4	3 1 1 1 1 1 2	4 1 3 3 1	1 1 1 1 4 1 2	3 5 4	2 1 2	1 7 4	1 1 8	1 3	1 1 2	1 1 1	2 2	3 3	3 5 3	2 1 4 2	5 8	1 9 1 4	1 2 1 2 2 1	2 1 2 1 1	6 2 1
7 1 3																				
3 2 1 1 1																				
5 2 1																				
1 1 6																				
2 1 3 2																				
1 11																				
1 3																				
5 1 1 1 1																				
1 1 1 1 1 1																				
5 1 1 1 1																				
1 3 1 1 1 1																				
1 3 1 1 1 1																				
1 1 1 1 1 2																				
1 1 1 1 2																				
1 1 1 3																				
1 1 1 1																				
2 5 5																				
1 1 12 1																				
10 6 1																				
2 6 1 2 3 1																				

058

Column clues (left to right):

Column	Clue
1	2 7
2	1 2 12
3	14 1
4	2 3 5 1
5	2 2 3 4
6	2 1 4 9
7	7 5 3
8	2 2 4 5
9	1 1 4 5 2
10	1 3 10
11	4 6 4 1
12	3 2 3 4
13	2 3 8
14	2 1 2 2 2
15	3 2 3 3
16	2 1 1 2 3
17	1 4 1 2
18	1 1 2 1 2
19	2 2 1 2 1
20	4 4 2

Row clues (top to bottom):

Row	Clue
1	10
2	6 10
3	3 1 4 2 2
4	1 3 2 2 1
5	4 4 4
6	4 4 1 2 1
7	1 2 2 1 2 1 2
8	2 2 2 3 6
9	5 1 2 1 1
10	4 2 2 2 5
11	4 6 3 2
12	4 2 2 2 1
13	4 2 2 2 1
14	3 3 3 2 1
15	3 2 4 5
16	2 2 1 2 1 4
17	2 3 8 3
18	2 5 3 1
19	1 3 2
20	2 2

Column clues (top to bottom):

Column	Clue
1	3 1 1 1
2	2 2 2 1
3	1 1 1
4	2 2 5 1 1
5	3 2 2 1 2
6	1 2 7
7	4 1 2 1 1
8	2 3 1 1 6
9	4 2 3 1
10	4 2 3 6
11	2 1 2 2 2 1
12	2 3 10
13	7 4 5
14	4 2 1 1
15	4 5 2 1
16	2 1 3 1 2 1
17	1 1 1 4
18	3 9 1
19	1 2 1
20	4 1 1 1

Row clues:

Row	Clue
1	3 7
2	2 2 9
3	1 1 3 4
4	2 2 2 3
5	3 1 1 2
6	4 5 1
7	11 2
8	2 2 2 2
9	1 2 4
10	1 1 1 2 2 1 1
11	1 1 4 1 1
12	2 5 1 1 1
13	6 1 2 1
14	2 1 1 2
15	1 1 4 1
16	6 1 11
17	1 1 1 1 2 5
18	1 4 1 2 2 1
19	1 3 1 4 2 1
20	1 4 1 1 1

列提示（从左到右）：

4
1 3 4
1 2 4 1
1 1 2 1 1
1 2 2 1
1 5
1 1 1 1
3 1 2 2
1 2 1 2
1 2 3 3
2 2 1
1 1 1 1 3 1
1 1 5 2
1 2 1 1
3 2

行提示（从上到下）：

2 3
1 1 1 3
1 1 1 1 2
1 1 3 1 1
1 2 1 2
2 1 1 2
1 6 1
2 1 2 1
1 3
1 1 1
1 4 2
1 2 2 2
1 4 1 1 1
1 1 1 1 1 1
7 5

	1 2 1	2 1 1 2	2 1 1 2	4 1 2 1 1	1 4 2 1 1	3 1 1 1 1	1 2 2 1	1 2 1 1	1 3 4 2	1 5 1 1	1 5 3	1 3 2 2	1 2 1 1	1 1 2 2	4 2 1
1 5															
1 1 3 1															
1 3 3															
6 2 1															
7 1 1															
1 5 1															
4 1 3 2															
1 3 1															
3 1 5															
2 3															
1 1															
2 1															
3 2 3															
2 1 1 4															
2 2 5 2															

062

	7	6	2 1	1 1	1 1	5 2	2 1 3	1 3 1 4	1 1 1 1 5	1 2 1 5	2 2 5	4 8	13	11	8
7															
2 4															
4 3 3															
2 1 1 1 4															
2 1 2 3															
2 3 4															
3 1 5															
2 8															
2 4															
1 5															
1 7															
7															
7															
6															
5															

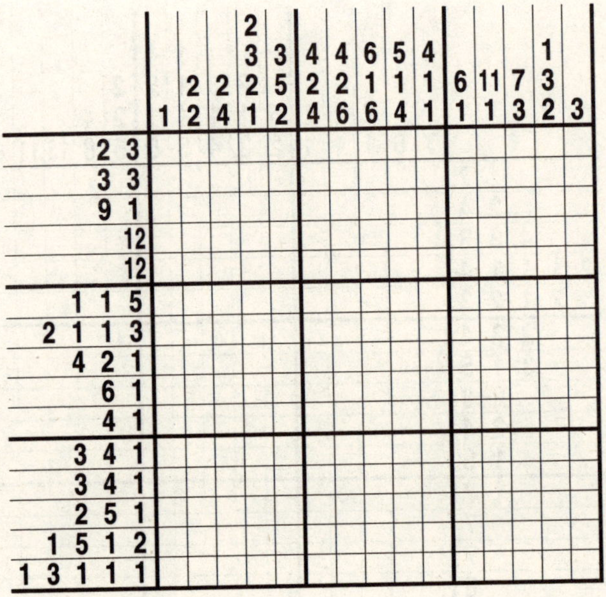
1
2 2
2 4
2 3 2 1
3 5 2
4 2 4
4 2 6
6 1 6
5 1 4
4 1 1
6 1
11 1
7 3
1 3 2
3
2 3
3 3
9 1
12
12
1 1 5
2 1 1 3
4 2 1
6 1
4 1
3 4 1
3 4 1
2 5 1
1 5 1 2
1 3 1 1 1

064

	2 1 1 1	1 1 3 1 1 1	12 2	1 3 6	1 1 4	1 1 2 2	1 2 1 1 1	3 1 1	2 2 2 1 1	3 1 1 2 1 1	4 4 1 1	1 4 2 1 1	1 1 3 1 2	1 2 3 3	1
5 2															
1 1 2 2 1															
3 5															
1 8															
1 2 2 1															
3 2 2															
4 2 1 1															
3 1 2 1															
3 1 2 1															
2 4 1															
3 2 1															
1 3 1 1															
1 2 5 1															
4 2															
14															

	2 3	1 1 2	1 2 4	2 1 2	1 1 1 3	2 1 1	4 4 2	2 3 3	1 2 2 3	2 1 1 3	1 2 1 1 3	1 1 2 3	1 1 1 5	1 2 4	2 2 4
6															
3 1															
2 4															
2 3 2															
5 1															
4 2 4															
1 2 2 1															
2 1 3															
5 1															
1 2															
2 3															
1 1 5															
1 1 1 2 4															
5 1 1 3															
7 1 3															

066

	3	1	4	1 1 6	2 2 5 1	2 1 3	2 1 2 1	3 2 4	2 1 5	4 4	4 5	1 3 4	2 1	3	3
4															
6															
3															
3 1															
2 7															
2 2 3															
2 2 2															
2 2 1															
2 1															
2 1															
2 3															
3 5															
1 2 7															
1 2 2 2															
5 2 2															

	6 2 3	8 3	8 2 1 1	8 2 3	9 3	7 3	6 3	6 2	2 4 1 1	1 3 4	2 3 2 2	1 4 2 1 1	2 5 4	1 4 2 2	1 3 2
3 3															
4 2															
5 1															
5 1															
10 4															
9 5															
8 6															
14															
1 6 1															
1 2 4 2 1															
1 2 1 1 2 1															
1 1 1 1															
14															
2 5 2 3															
1 2 2 2 2 1															

068

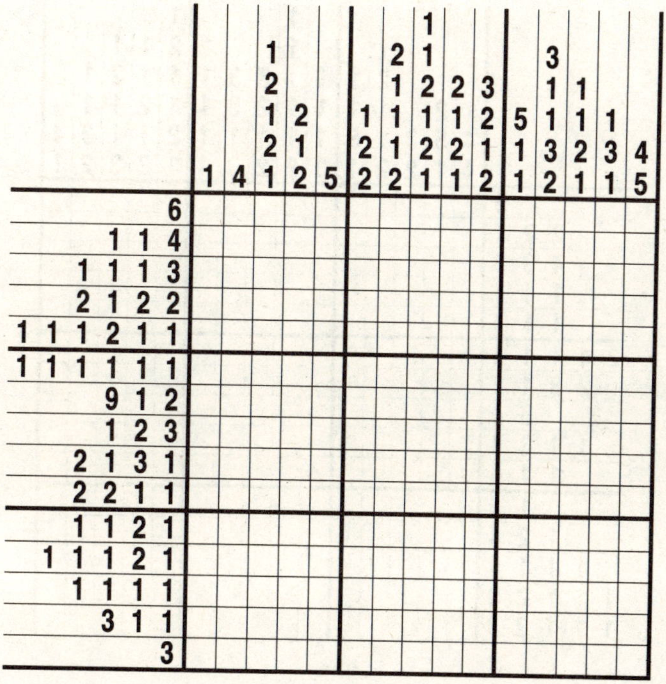
1
4
1 2 1 2 1
2 1 2
5
1 2 2
2 1 1 1 2
1 1 2 1 2 1
2 1 2 1
3 2 1 2
5 1 1
3 1 1 3 2
1 1 2 1
1 3 1
4 5
6
1 1 4
1 1 1 3
2 1 2 2
1 1 1 2 1 1
1 1 1 1 1 1
9 1 2
1 2 3
2 1 3 1
2 2 1 1
1 1 2 1
1 1 1 2 1
1 1 1 1
3 1 1
3

069

Column	1	2	3	4	5	6	7	8	9	10	11	12	13	14	15
Clues	4 4	2 5 1	3 2	1 2 1 1 2	1 1 5 1	1 1 1 3	1 1 1 1 1 2	3 2 1 2	3 3 1 3	1 1 1 1 4	1 2 1 1 2 1	1 1 2 1 2	1 2 1 1 3	1 1 3 2	4 1

Row	Clues
1	9
2	2 2 2
3	4 3 2
4	1 1 1
5	1 1 7
6	2 4 1 1 1
7	2 3 1 1
8	5 4
9	1 1 3 1
10	1 1 4
11	1 5
12	1 2 4
13	1 1 1 5
14	1 1 1 2 3
15	1 1 1 2 3

070

列	提示
1	3 4 2
2	2 3 2 1
3	1 1 3 2
4	2 1 1 2
5	4 1
6	10
7	1
8	2 2 1 1 1 1
9	6 1 1 1 1 1
10	4 2 2 1
11	3 2 2 1 2 1
12	2 1 1 1 1 1 1
13	3 1 1 1 2
14	4 2 3 1
15	5 2 1 3
16	4 1 3 2 1
17	4 1 2 2 5
18	8 3 4
19	3 1 4 4
20	12

行	提示
1	9
2	11
3	4 7
4	2 6
5	1 2 1 2
6	3 1 1 1
7	2 1 1 3
8	1 1 1 3 2
9	1 2 2 1 1 1
10	1 1 5 1 1
11	1 2 3 1
12	3 1 5 1 2
13	1 1 5 1 5
14	1 1 1 4 4
15	2 1 1 1 3
16	1 1 1 2 1 2 1
17	1 1 2 4
18	3 1 3 3 4
19	2 1 6
20	3 2 2 1 4

	3 1	2 3 1 2	2 2 1 1 1 1	1 2 1 2 1 2	1 3 1 1 1 3	1 1 3 4	1 1 6	11	4 12	10 8	11 4 2	2 4 4 2	6 4 2	2 1 1 3 3	1 1 2 1 1	1 1 3 3	1 9 2	1 1 1 1 2	3 2 1 1 1	5 1
3 4																				
2 6																				
1 3 3 4																				
2 5 1																				
4 8 1																				
1 4 1																				
4 1 1																				
2 3 1 4																				
1 1 5 3 1																				
1 2 6 2 2																				
1 4 4 2 2																				
1 3 3 3 1 1																				
4 4 2 3																				
5 1																				
4 5 3																				
2 6 1 1																				
6 1																				
7 5																				
6 5 4																				
5																				

072

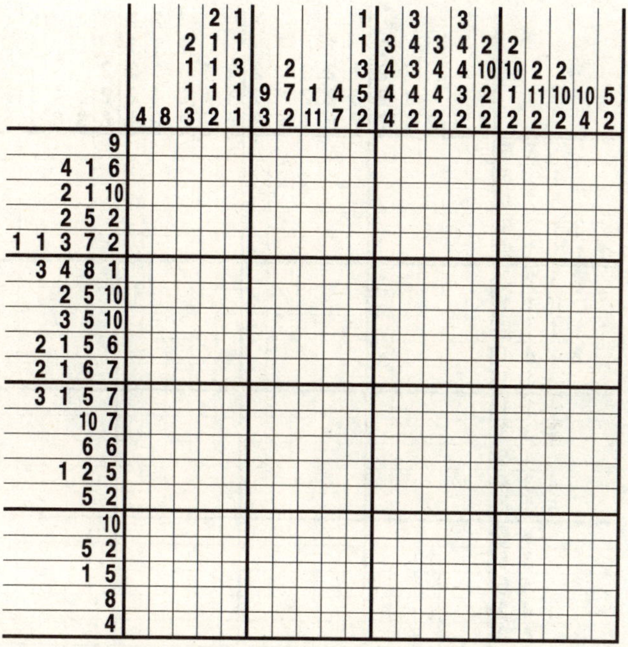
4
8
2 1 1 3
2 1 1 1 2
1 1 3 1 1
9 3
2 7 2
1 11
4 7
1 1 3 5 2
3 4 4 4
3 4 3 4 2
3 4 4 2
3 4 4 3 2
2 10 2 2
2 10 1 2
2 11 2
2 10 2
10 4
5 2
9
4 1 6
2 1 10
2 5 2
1 1 3 7 2
3 4 8 1
2 5 10
3 5 10
2 1 5 6
2 1 6 7
3 1 5 7
10 7
6 6
1 2 5
5 2
10
5 2
1 5
8
4

Column clues (left to right, top to bottom):

Column	Clue
1	1
2	1
3	2
4	3 1 1
5	1 2 2 7
6	1 5 7
7	1 2 2 9
8	3 2 7
9	1 4
10	2 1 3
11	1 1 4
12	1 4 7
13	1 2 1 3 1
14	2 1 1 4 2
15	2 1 2 2 4
16	2 2 8
17	3 9
18	4 8
19	6 1 1 1 7
20	8 5

Row clues (top to bottom):

Row	Clue
1	5 6
2	1 1 8
3	5 2 4
4	3 1 2 3
5	1 1 1 1 2
6	3 2 2
7	10 1 1
8	1 1 1 1 2
9	2 1 4 1
10	3 1 1
11	3 1 1
12	4 3 3
13	4 5
14	4 3 4
15	5 3 4
16	8 5
17	6 6
18	5 6
19	1 4 2
20	6 2

074

Column	Clue
1	3 1 1 1
2	1 1 1 1 1 1
3	3 1 2 1 1 1 1
4	2 2 2 2 1 1
5	1 1 2 2 2 1
6	2 2 2 2 1 1
7	3 2 1 1 1 1 1 1
8	2 2 1 2 1 1 1 1
9	2 1 1 3 1 1 1
10	2 2 3 2 1 1
11	2 5 1 1 1
12	1 2 2 2 1 1
13	1 2 1 1 2 2 1
14	2 2 1 2 2 1
15	6 1 1 5 1
16	5 2 3 1
17	1 5 1 4 1
18	4 3 1 2 2 2 1
19	6 3 1 1 2 1
20	3 5 3 1
21	2 3 1 3 1 2 1 1
22	3 4 4 1 1
23	2 2 1 5
24	6 3 2
25	3 4 1 1 2

Row	Clue
1	3 1 1
2	2 2 1 2 1
3	1 1 1 1 1 1
4	2 2 2 2 2
5	2 2 4 1 1 1
6	2 3 2 1 2 2
7	2 1 2 1 3 1 2
8	4 2 2 1 4 4
9	1 2 2 3 8
10	3 2 1 5
11	2 5 3
12	2 1 4
13	2 3 2
14	3 2 5
15	2 2 1 3
16	3 2 5
17	11 2 1 1 4
18	4 1 2 1
19	3 2 2 2 3
20	5 3 2 1
21	8 2 1
22	4 6 1
23	19
24	2 3
25	5 9

Column clues (left to right, each read top to bottom):

Column	Clue
1	2 9 6
2	3 1 10 4
3	3 2 1 1 1 2 4 1
4	4 3 1 1 3 1
5	3 1 2 1 1 1 6
6	4 3 1 1 3 1
7	3 2 1 1 1 2 4 1
8	3 1 10 4
9	2 6 8
10	5 5 4
11	4 6 4
12	4 7 1 4
13	4 6 2 4
14	4 5 3 4
15	1 2 3 2 1 4
16	1 3 5 3 3
17	1 1 2 14 1
18	1 3 11 5
19	5 17
20	3 8 7 1
21	2 9 3 2
22	3 11 2 2
23	2 13 6
24	3 14 6
25	3 13 5

Row clues (top to bottom):

Row	Clue
1	5 6 2
2	9 2 1 4
3	9 3 1 7
4	1 1 1 1 5 5
5	1 1 4 6 2
6	3 1 6 3 4
7	1 1 1 3 2 6
8	10 2 8
9	2 3 3 3 9
10	3 3 3 9
11	2 3 2 3 10
12	3 2 4 10
13	2 3 1 3 10
14	3 2 4 11
15	7 3 5 5
16	1 1 1 5 1 4 4
17	2 1 1 4 1 5 3
18	1 1 1 2 2 5 2
19	1 1 1 1 2 2 3 1
20	1 1 1 3 6 4
21	1 1 1 6 5 4
22	2 1 8 5 3
23	1 1 9 2 1 3
24	1 1 1 5 3 3
25	7 3 3

076

Column clues (left to right, read top to bottom):

Column	Clue
1	5 5 4
2	2 5 2 2
3	6 2 2 2 1
4	4 2 5 3
5	1 3 4 2
6	2 3 2
7	1 2 1 1 4 1 1
8	3 1 10 1
9	2 1 1 5 3
10	1 2 2 3 2
11	2 1 1 1 2
12	1 1 2
13	2 2 1
14	1 1 1 1 4 1
15	1 2 11
16	1 2 1 1 4 1
17	2 1 1 3 1
18	4 1 3 1
19	4 1 4 2
20	3 6 2 3 1

Row clues (top to bottom):

Row	Clue
1	1 2 1 5 2 1
2	2 1 2 1 2 2 1
3	1 1 2 1 3
4	1 2 6 2
5	1 1 2 1 4
6	3 1 1 3 2
7	4 2 1 1
8	3 1 1 2
9	3 2 2 1
10	2 3 3 1
11	1 1 2 4 1 1
12	1 7 1 2
13	1 6 2 1
14	8 7
15	4 2 1 6
16	1 1 1 1 7
17	1 1 1 2 2
18	10 1 1
19	2 3 5 1 1
20	1 2 3 2 7

Column clues (left to right):

1. 1 3 2
2. 1 4 1 1 3
3. 2 5 1 2 1
4. 2 6 1 2
5. 1 4 1 1 2
6. 1 6 4 1
7. 3 7 2
8. 3 5 2
9. 1 3 3 2
10. 1 5 1 4
11. 2 5 1 5
12. 3 5 1 5
13. 4 4 1 2
14. 5 4 1 1 2
15. 1 2 3 2 1 2
16. 1 4 3 2
17. 1 4 3
18. 1 4 3
19. 2 8
20. 8

Row clues (top to bottom):

1. 1 2 1 2
2. 2 2
3. 1 1 3
4. 4
5. 7
6. 5 2
7. 12 1
8. 15 1
9. 5 9 1
10. 4 2 10
11. 12 3 1
12. 1 3 4
13. 1 10 3
14. 6 2 2
15. 3 1 1 2
16. 1 2 2 1 2
17. 1 3 2 3
18. 2 1 4 4
19. 2 2 13
20. 4 6 4

Column clues (left to right, top to bottom):

Column	Clue
1	5
2	1 1 5
3	1 1 1 1 1
4	1 1 3 1
5	1 2 1 1 1
6	1 1 1 1 1
7	2 2 3 2 3 1
8	4 1 1 2 1 2
9	1 1 1 2 4 2
10	1 2 3 2 1 5
11	1 3 3 1 3 1
12	2 1 1
13	3 2 1 3 1
14	4 1 1 2
15	1 10
16	3 5
17	2 2 3 1
18	5 1 1
19	2 1 3
20	3 1

Row clues (top to bottom):

Row	Clue
1	6 5
2	1 2 2
3	1 1 2 1 1
4	1 2 1 2 1 2
5	1 3 1 1 3
6	1 5 1 3
7	2 1 3 1
8	4 3 2 1 2
9	3 2 3 1 1 1
10	1 2 2 1 1 2
11	1 1 2 3 3
12	1 2 1 1 1
13	1 2 2 3 1 1
14	5 1 1 3
15	3 1 3
16	1 3 5
17	1 3 3
18	2 2 1 1 1
19	3
20	1 1 1

Column clues (top to bottom, columns left to right):

Column	Clue
1	1 1 1
2	1 1 2
3	2 1 2 1
4	3 2 1 1
5	3 1 5 2 2
6	2 1 6 3
7	3 5 2 1
8	6 7 1 1
9	8 2 1 2 2
10	9 1 1 2
11	2 3 5 2
12	2 3 3 3
13	1 1 4 6
14	1 1 2 2 1 2
15	2 1 2
16	1 5 1
17	1 1 1 2 2 1 1
18	1 1 1 1 2 5
19	1 1 2 1 2
20	3 2 1

Row clues (left to right, rows top to bottom):

Row	Clue
1	5 1 1
2	6 1 1
3	3 3 3 1
4	2 1 5 1 1
5	1 4 7
6	5 3 1
7	1 2 4
8	1 1 9 1
9	1 4 2 1
10	7 1 2
11	4 3 2 2 1
12	1 1 1 2 3 2
13	1 1 3 4
14	1 1 7 3
15	1 3 2
16	1 3 3 1
17	4 3 2
18	2 3 3 2
19	4 4 3
20	4 4

080

	7 16	2 2 16	2 6 18	2 2 2 12 3	1 2 2 10 4	2 1 2 1 5 2 1	1 2 2 2 2 3 1	1 1 2 1 1 3 1	1 1 1 2 1 3	1 2 1 1 1 2	1 3 1 1 3 1	2 1 1 2 3 1 3	2 1 2 2 1 3	2 2 2 2 1 2	2 1 1 3 1	3 2 8 1	5 8 2	1 3 4 5 4	2 2 6 3 5	3 7 6
7 3																				
3 2 2 2																				
2 4 2 3 1																				
2 3 2 1 5																				
2 2 3 3																				
1 2 1 1																				
1 1 1 2																				
1 1 1 1 1																				
1 1 2 1																				
1 1 5 1 1																				
1 2 2 2 1																				
1 4 1 2																				
2 2 2 2																				
2 1 1																				
5 2 1 5																				
7 2 5																				
5 1 5																				
6 1 6																				
10 6 2																				
7 3 2																				
6 3 1																				
6 1 3																				
5 1 2																				
5 2 2 2																				
4 1 3 1 1																				
3 2 2 2																				
3 2 3 3																				
5 2 3																				
5 1 4																				
9 6																				

Column clues (left to right, top to bottom):

Column	Clues
1	6 4
2	2 2 1 1
3	1 2 2 1 1 1
4	1 2 1 1 1 1
5	1 2 11 1 1
6	1 2 1 1 1 6 1 1
7	3 2 2 1 2 5 1
8	1 1 1 1 1 1 6 1 1
9	5 1 1 6 2 3 1
10	1 1 2 1 1 9 1
11	1 1 1 8 4 1
12	17 6 1 1
13	16 10 1
14	3 1 1 1 7 2 1
15	2 2 2 1 1 2 5 1
16	2 1 1 1 6 1 1
17	2 11 1 1
18	2 1 1
19	2 1 1
20	2 4

Row clues (top to bottom):

Row	Clues
1	5 7
2	1 2 8
3	3 2 1 3
4	1 2 1 1 2
5	1 2 1 2
6	1 1 9
7	1 2 2 1 2 2
8	3 1 1 2 1
9	1 3 2 3
10	3 9 1
11	1 2 1
12	1 1 2 1 1
13	1 1 2 1
14	1 9 1
15	2 2 2
16	1 1 7 1
17	1 3 5 1
18	2 5 1 2
19	1 2 4 1
20	1 4 2 1
21	1 7 1
22	1 1 5 1
23	2 5 2
24	1 2 2 1
25	5 4 4
26	2 1 5 1 2
27	1 1 3 3 1
28	1 7 1
29	2 2
30	16

Column	Clues (top to bottom)
1	4 1 1 1 6
2	3 1 1 2 2
3	2 1 2 2 1 1
4	2 1 1 3 3 1 1
5	1 1 3 4
6	4 7 4 1
7	1 9 2 3
8	3 7 2 4
9	1 1 8
10	1 7
11	1 2 4 1
12	3 7 2 2
13	1 9 1 3
14	3 7 6
15	1 2 6
16	1 6
17	3 8 6
18	1 10 4 2
19	3 8 4 3
20	1 1 2 3
21	1 1 1 5
22	1 1 1 1 5 1
23	2 2 1 5 1 1
24	3 1 1 1 2 2
25	4 1 2 6

Row	Clues (left to right)
1	5 1 5
2	4 1 1 1 3
3	2 1 1 1 1 1 1 2
4	1 2 1 1 1 1 1 1 1 2 1
5	1 1 1 1 1 1 2
6	1 1 2 1 1 1 1 1
7	3 1 1 3 2
8	1 3 1 3 1
9	3 3 3 2
10	1 3 3 3
11	3 10
12	5 3 5
13	1 3 3 3 1
14	1 4 5 4 1
15	2 5 1
16	1 1 1
17	2 1 1 1
18	3 3 3 2
19	1 6 9
20	3 3 11 5
21	2 3 5 5 3 2
22	1 1 5 5 4 1
23	1 6 10 1
24	2 13 2
25	4 4

Column clues (left to right, each read top to bottom):

Column	Clues
1	13 1 8
2	1 5 1 2 4 4
3	5 1 3 4 3
4	4 1 1 2 3 3 1
5	5 2 4 3 2
6	1 2 4 1 2 2 4 3
7	9 1 2 6 4
8	6 1 1 2 10
9	4 2 1 4 11
10	2 3 17 1
11	5 1 17 2
12	3 1 5 15
13	3 1 2 1 4 11
14	2 2 2 1 2 12
15	3 2 1 4 5 1
16	4 1 1 2 5 2
17	1 1 1 1 5 3
18	1 1 3 2 3
19	2 2 1 2
20	2 1 1 1
21	2 4
22	1 6
23	3 3 4
24	3 4 2 3 1
25	2 5 8 1
26	2 5 2 1
27	6 2 1 1
28	5 1
29	1 1 2
30	3

Row clues (top to bottom):

Row	Clues
1	2 7 3 1
2	1 11
3	1 3 3 2 3
4	1 5 2 1 6
5	2 3 3 1 2 2 2
6	10 1 2 1
7	5 1 1 1 3 2
8	8 2 3
9	7 1 2 3 5
10	1 1 2 3 2 6
11	2 1 1 3 2 4 1
12	1 3 3 1
13	3 5 2
14	1 4 1 2
15	1 7 1 2
16	3 7 1
17	1 3 5 2
18	2 3 4 1 2
19	2 4 2 1
20	13 1
21	14 2
22	4 9 1 1 2
23	4 9 3 2
24	3 13 1
25	2 14 2 1
26	1 4 10 2
27	5 10 2 1
28	3 5 4 6 1 1
29	2 5 4 4 2 1 3
30	2 4 9 3 1 2 2

列	提示
1	1 4
2	4 1 2
3	3 1 4 4
4	4 4 7
5	3 11
6	5 9
7	3 1 1 7 1
8	3 6
9	3 1 4 1
10	2 1 1 2 4
11	1 3 3
12	2 3 1
13	1 2 2
14	5 2 2 2
15	8 2 2 1
16	1 7 6 1
17	5 4 1
18	5 3
19	3 3 1
20	2 2 1
21	1 2 4 2 2 2
22	1 1 1 2 4
23	2 4 2 1 2
24	1 1 1 3 4
25	2 4 1 3
26	1 2 1 2 2
27	3 4 1 1 1
28	1 1 1 1 3 2 2 2
29	2 6 1 1 1 1
30	1 1 2 1 2 1 3
31	1 4 1 1 3 1
32	1 1 2 1 2 1 5
33	1 3 1 1 1
34	1 1 1 2 10
35	3 3 2 1 2

行	提示
1	1 1 1
2	6 1 1
3	6 4
4	1 8 1 1 4 1
5	4 3 3 1 4
6	2 5 3 2 3 1
7	1 1 10 2 2
8	8 1 2
9	1 1 5 4
10	4 1 1 1 2
11	3 1 1 4
12	1 3 1 1 7 1
13	3 1 3 1 1 3 1 1
14	5 3 1 2 2 1
15	11 1 3 1 1
16	7 5 2
17	13 7 1 1
18	22 3
19	9 4 3 1 1 2
20	1 7 3 1 2 1
21	4 1 3 1 1 1 1 2 2
22	4 1 2 1 1 2 1 1
23	4 1 2 1 1 1
24	4 1 1 6 1 1 1 2
25	3 1 3 17

Column	Clue
1	1 4
2	2 3 2
3	2 3 5 6
4	2 3 4 3 2 1 2
5	2 3 2 1 1 2 1 1 4
6	2 3 3 3 2 1 1 3
7	3 3 1 1 1 1 1 1 1 3 1
8	4 3 2 3 4 4 2
9	4 4 1 1 1 1 1 2 1 1
10	1 4 1 2 1 3 2 5 3
11	2 4 4 1 1 1 1 2 4
12	3 1 4 3 9 1 1
13	1 2 4 1 1 1 1 2 3 2
14	1 2 3 4 3 2 1 4 1
15	2 4 1 1 1 1 3 1 5
16	2 3 1 3 3 1 1 1 2
17	3 3 1 1 1 2 3 3
18	4 3 6 3 1
19	4 4 1 3 2
20	4 4 2 1 2 2
21	4 7 1 1 1 1
22	4 4 1 1 2
23	4 2 1 1 1
24	3 2 3
25	5

Row	Clue
1	5 3 1 4
2	7 3 7
3	2 4 1 9
4	2 3 4 2 6
5	5 3 1 3 3
6	7 3 6 2
7	3 3 1 9 2
8	2 3 4 4 1
9	1 1 3 4 1
10	2 9 3
11	1 2 1 3 1 1 2
12	4 1 1 3 1 2
13	1 1 1 1 1 1 1 1 2
14	3 3 3 4 1
15	2 1 1 1 1 1 1 1
16	1 3 3 3 2
17	2 1 1 1 1 1 1 1
18	3 3 3 4
19	3 1 1 1 4 5
20	10 2
21	2 2 2 1 1 2
22	2 3 1 1 2 4 1
23	1 5 4 2 1
24	3 7 1 1 1 2
25	1 1 1 1 3 3
26	1 1 1 1 5 4 1
27	3 1 1 2 4 2
28	14
29	2 1 2 1 2
30	2 4 2

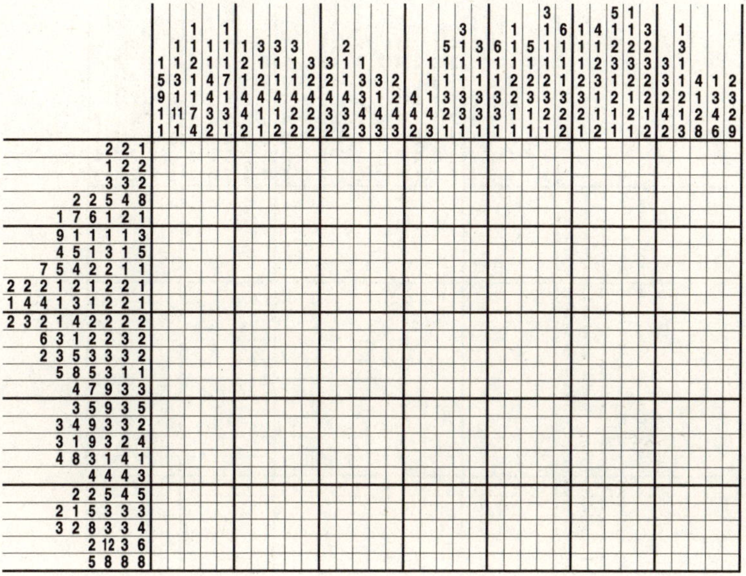
1 5 9 1 1
1 1 3 1 11 1
1 1 2 1 1 7 4
1 1 4 4 3 2
1 1 1 7 1 3 1
1 2 1 4 4 2
3 1 2 4 1 1
3 1 1 4 1 2
3 1 1 4 2 2
3 2 4 2 2
3 2 4 3 2
2 1 1 4 3 2
1 3 3 4 3
3 1 4 3
2 2 4 3
4 4 2
1 1 1 4 3
5 1 1 3 2 1
3 1 1 1 3 3 1
3 1 1 3 3 1
6 1 1 3 3 1
1 1 1 2 2 1 1
5 1 2 3 1 1
3 1 1 1 2 3 2 1
6 1 1 1 3 2 2
1 1 1 2 3 2 1
4 1 2 3 1 1 2
5 1 2 3 1 2 1 1
1 1 2 3 2 1 2 1
3 2 3 2 2 1 2
3 3 2 4 2
1 3 1 1 2 1 3
4 1 2 8
1 3 4 6
2 3 2 9
2 2 1
1 2 2
3 3 2
2 2 5 4 8
1 7 6 1 2 1
9 1 1 1 1 3
4 5 1 3 1 5
7 5 4 2 2 1 1
2 2 2 1 2 1 2 2 1
1 4 4 1 3 1 2 2 1
2 3 2 1 4 2 2 2 2
6 3 1 2 2 3 2
2 3 5 3 3 3 2
5 8 5 3 1 1
4 7 9 3 3
3 5 9 3 5
3 4 9 3 3 2
3 1 9 3 2 4
4 8 3 1 4 1
4 4 4 3
2 2 5 4 5
2 1 5 3 3 3
3 2 8 3 3 4
2 12 3 6
5 8 8 8

Column	Clues (top to bottom)
1	4 2 3
2	6 1 4 1 5 1 1
3	2 2 3 2 1 1
4	1 1 3 5 1 6 1 1
5	1 1 2 1 2 1 1 2 4
6	4 2 1 1 2 2 2 1
7	1 3 6 1 1 1 3 2
8	2 5 1 1 4 2 4 1
9	2 1 4 4 1 1 1 1 1
10	2 1 1 4 1 1 2
11	1 2 1 5 2 2 1 3
12	2 13 4 3 2
13	1 6 5 2 2 6 2 2
14	3 2 3 3 6 8
15	1 1 3 1 4 2 3 1
16	2 3 3 1 2 1 1
17	1 2 15 3 2 1
18	1 1 2 7 3 3 4 3 2
19	1 1 3 1 2 2 2 2 1
20	2 1 1 7 1 1 3 1
21	1 2 6 3 1 1 2 5
22	1 4 1 1 1 2 4 2
23	5 1 3 1 2 2
24	3 1 1 2 3 1 1
25	2 1 4 2

Row	Clues (left to right)
1	4 4 1 1 1
2	3 1 3 1 1 1 3
3	2 2 3 1 4
4	2 2 2 2 2
5	3 2 4 3 2
6	4 1 6 2 4
7	1 2 2 4
8	1 1 4 2 2 3
9	3 2 1 2 5
10	11 5 2 1
11	3 9 6
12	3 8 3 1
13	2 2 1 5 5
14	1 2 5 6
15	1 1 2 1 3 2 2
16	3 1 2 6
17	2 1 1 9
18	2 4 2 1
19	1 2 4 3
20	6 4 3 1
21	2 2 8
22	1 4 5
23	1 1 3 1
24	1 1 3 1 5
25	1 1 1 1 1 2 3
26	3 1 4 1 2 2
27	4 2 2 2 1
28	2 3 1 1 1
29	1 2 2 1 2
30	1 1 2 1 2 1
31	1 1 2 3 2 2 2
32	1 1 1 4 1 2 1
33	1 1 2 2 1 1 3 1
34	1 1 1 1 2 3 2 3 1
35	2 3 1 2 2 3 1 3

列	提示
1	3 3 4
2	2 2 2 2 2
3	2 1 1 2 1 2 1 2
4	2 1 1 2 2 1 2 1
5	3 2 1 1 4 1 2 1
6	1 1 1 1 2 1 2 1 2 1 2
7	2 1 1 2 4 2 1 1 1 2
8	1 2 3 4 2 2 2 1
9	1 3 4 2 1 1 1 1 1
10	1 3 2 1 1 2 1 2 2 1 1
11	2 1 3 1 2 1 2 2 1 4
12	1 2 2 1 1 1 2 1 1 1 1
13	3 2 2 2 2 3 1 1 2
14	2 1 3 2 1 2 1 2 2 4
15	2 2 1 2 3 1 2 1 1 1 1
16	2 2 5 2 2 2 1 2 1 1
17	2 1 1 4 1 1 4 1 2 1
18	3 4 6 4 2 1 1
19	2 3 5 5 1 1 2
20	1 2 4 4 1 2 1
21	6 5 6 2
22	5 1 2 4 4 3
23	3 2 4 2 2 1 2
24	2 1 2 4 4 2 2 1
25	1 1 4 7 1 2
26	1 2 2 2 3 2 1 1
27	1 1 4 3 4
28	2 1 2 2 2 1 1
29	2 1 2 7 1
30	2 2 4

行	提示
1	5 2 5
2	3 2 4 2 2
3	3 2 2 1 2
4	5 1 2 2 2 1 4 1
5	13 4
6	4 2 2 1
7	2 3 15
8	1 1 4 1 6
9	2 2 2 6 2
10	6 1 2 4 1
11	1 1 2 2 1 1
12	3 2 8 1
13	1 2 1 1 2 2 1 4
14	20
15	1 5 2
16	2 2 1 1 4 2 1
17	1 6 7 1 4
18	2 2 1 1 1 1 1 2
19	5 3 14
20	3 1 2 14
21	1 2 1 2 2 6 3 2
22	21 1 2
23	2 10
24	27
25	2 1 1 1 1 1 1 1 1 1 1
26	1 2 1
27	1 19 8
28	1 2 1 1 1 1 1 1 1 1 1
29	3 2 7 2 2 6
30	8 1 2 2 2 4 1 1

列	提示
1	5 2 2 1 1 3 2 3 2
2	3 1 1 2 2 4 4 1 2
3	7 2 1 4 4 3 2 1
4	1 6 1 1 2 1 3 2 3 4 1
5	3 1 1 1 5 1 4 2 1 1 1
6	2 7 2 1 2 3 2 1 1 1
7	3 9 2 1 3 3 2 3 1
8	3 1 2 2 1 1 2 4 2 3 1 1 1
9	3 9 1 3 1 3 2 1 2
10	2 4 2 7 1 3 4 2
11	1 2 2 1 12 3 1 2
12	2 4 2 2 6 2 1 1
13	2 5 3 2 1 1 4 1 1 3
14	6 4 2 1 1 1 3 1 1 3
15	3 2 5 3 1 1 1 3 1 1 1 2
16	3 2 1 1 3 2 3 1 2 2
17	3 2 2 6 3 1 1 2 2
18	2 2 3 2 2 2 1 2 1 2 1
19	1 1 1 1 1 2 1 2 3 1 3
20	1 1 5 2 2 2 1 1 1 2 1 2
21	1 1 3 2 3 2 1 1 1 2 1 2
22	7 2 2 1 3 2 3
23	1 6 2 4 3 3
24	3 5 2 2 2 4 2
25	1 6 6 4 4 1
26	2 7 4 4 1
27	1 3 10 1 3 1 4
28	1 2 1 9 3 3 6
29	2 2 1 9 5 3 5
30	1 4 1 9 7 3 6
31	23 13 1 3
32	4 4 1 5 11 3 6
33	4 1 2 1 3 13 3 6
34	4 2 2 1 1 15 3 3 1
35	2 1 1 3 17 2 2 3

行	提示
1	1 1 1
2	1 3 5
3	1 3 4 2 6
4	1 1 6 4
5	1 5 1 2 1 5
6	1 1 1 3 2 1
7	1 3 1 1 1
8	2 3 1 1 1 1 4 1
9	5 1 5 3 9
10	6 2 3 5 3
11	3 5 3 1 1 5
12	3 5 2 1 2 5 2 1 2
13	1 5 5 10 2 1 2
14	1 1 2 1 1 3 2 1 1
15	23 11
16	2 3 2 2 1 1
17	8 1 1 1 1 2 5
18	1 2 2 1 1 4 1
19	6 1 5 1
20	4 1 2 4 2
21	1 5 1 1 1 1 2 5 2
22	1 1 5 1 1 1 1 4 3
23	1 1 5 1 5 3
24	3 1 2 1 8 4 4
25	2 2 1 1 10 4 4
26	1 2 1 1 4 5
27	1 2 1 1 2 2 4 5
28	1 1 1 4 4 6
29	1 1 2 1 1 4 6
30	2 1 1 3 4 7
31	5 6 2 4 7
32	1 1 5 3 11
33	3 1 8 2 2 8
34	17 2 9
35	16 2 2 2 1
36	11 1 1 15
37	2 2 2 14
38	8 3 2 10
39	6 4 3 4 1
40	4 4 3 14
41	1 4 1 2 1 4 3 3
42	3 12 2 11
43	5 2 2 2 9 1
44	2 9 6 9
45	3 7 14 1 2 1

Column	Clue
1	3
2	6 3
3	6 3 4 4
4	15 2 4
5	25 5
6	11 1 7 6
7	11 2 1 2 5 7
8	8 6 2 3 5
9	6 2 3 3 3
10	5 2 4 4 1 3
11	4 2 2 1 2 7
12	4 2 2 1 2 5
13	4 5 2 3
14	5 4 1 2 2 3
15	5 6 1 2 3 1 2
16	5 4 2 3 2 2
17	5 2 2 3 1 1
18	5 2 2 1 1
19	5 2 3 1 1
20	5 2 3 3 2 1
21	5 5 2 3 2 2
22	5 6 1 2 4 2
23	5 4 1 2 3 3
24	4 5 3 3
25	4 5 1 1 1 5
26	5 2 2 1 2 6
27	5 2 4 2 2 4
28	7 2 2 2 3 5
29	9 5 8 5
30	11 2 1 7 4
31	12 7 3
32	18 1 3
33	8 2 3 2
34	1 2 4 2
35	5 2

Row	Clue
1	17
2	21
3	23
4	25
5	5 10 5
6	5 5
7	5 4
8	4 4
9	5 4
10	4 4
11	4 4
12	5 3
13	5 4
14	4 4
15	3 3
16	3 3
17	3 6 6 3
18	2 10 9 2
19	3 3 5 6 3 3
20	4 2 7 8 2 2 1
21	5 6 2 2 6 1 2
22	1 2 4 2 3 4 4
23	1 2 4 3 2 1
24	1 1 1 2
25	2 1 1 1
26	1 1 1 1
27	1 2 1 1 1 2
28	4 1 1 1 1
29	4 3 4 4
30	4 2 8 2 3
31	1 4 4 6
32	2 2 5
33	2 2 1 3 3 1 3
34	1 1 14 1 2
35	2 12 1 2
36	2 1 2 1 2
37	2 1 2 3 4
38	1 1 6 3
39	5 3
40	3 3 4
41	4 3 2 2
42	6 3 2 3
43	8 4 3 5
44	7 5 4 8
45	7 10 7

																												2	
																												1	
							2	2													2	6	1				1	1	
	2		1		6	1	3	3	3											2	1	2	2	2			2	3	3
	4		4	5	4	3	1	2	5	1	3									2	3	1	4	1			3	2	1
	1	3	1	6	2	1	1	2	2	1	4	4		2	1			1	1	3	2	1	4	2	2	4	2	2	4
	1	9	7	1	2	2	1	1	4	8	11	3	4	3	3			5	2	1	2	1	1	2	3	4	1	3	3
	1	6	9	3	2	1	2	2	3	11	4	10	3	8	1	1		1	3	11	15	12	1	2	4	2	3	3	13
6	2	1	1	2	1	1	2	3	4	5	1	3	9	8	1	6	13	1	1	1	2	2	3	2	14	1	2	1	3
5	2	1	2	1	1	1	3	2	2	2	1	1	3	3	18	18	13	11	11										

1 1 3 2
2 2 3 2
1 1 1 2 4 2 1
2 2 8
3 3 5 2
3 6 1 3 1 2 2
11 1 2 1 2
9 2 2 3 1
7 5 1 3 1
1 2 7 2 2
8 1 2
3 3 5 1
2 2 3 7
5 3 5 1 1
5 4 1 2
5 2 3 3 2
3 5 2 1 1 1
2 10 2 2 1
2 7 2 2 1 2
4 5 1 1 1 3
1 2 6 1 4 1
2 1 1 6 1 1 2
1 2 11 4 3
1 2 6 3 2 2 3
5 3 4 2 1 1 1
2 1 4 2 3 1 2
2 1 4 3 4 1 2
2 1 2 9 1 2
2 3 10 1 1
2 1 11 1 1
1 13 1
1 4 9 1
1 5 9 1
7 10 1
1 2 8 1
2 6 1
1 1 1 5 2
1 1 1 1 1 5 2 1
2 2 1 2 4 3 1 1
4 3 4 3 4 4

19 3 5
14 1 1 12
4 7 2 1 14
8 1 1 6 1 14
6 4 9 14
3 5 1 12 4
2 3 1 1 14 2
6 5 1 7
10 10 4 1 8
4 4 16 1 2 9
6 12 8 14
19 7 13
10 6 6 9
8 6 5 9 1
9 5 5 8 1
12 5 4 8 2
14 4 4 1 5 2
7 6 4 4 1 2
9 1 7 4 3 2 4
1 5 7 4 2 3 3
2 15 4 2 3 4 1
18 4 5 9
2 11 7 5 2
1 1 10 1 7 1 2 1 2
3 11 6 1 1 8
2 18 2 2 4 4
4 17 2 2 2
5 4 9 2 2 2
2 2 2 8 2 2 3
3 2 2 5 1 3 3 1 1 1
5 1 2 3 1 1 1 1 1 1 3 2
2 1 5 3 1 1 1 1 1 1 4
5 2 2 2 1 1 1 1 1 1 3
4 3 1 2 1 1 3 3 1 1 2 1
12 1 2 2 2 2 6

3 3 2 2 7 5
7 3 1 1 1 11
6 4 1 2 2 2 2 3
5 1 5 4 1 9
2 4 1 3 5 5 2 1 1 1
7 1 17 2
4 1 1 18 3 2
4 2 2 19 1 2
6 21 1 1
3 1 1 10 9 1 2
6 8 1 7 2 1
3 1 7 7 2 2
2 21 1
3 3 14 1
1 2 3 8 9
1 3 6 1 9
1 4 6 7 1
1 7 13 3
1 9 15
11 9
6 7 6
8 15
9 12
4 5 9
4 7 4 6
4 10 2 2
4 11 2 6
4 12 2 1
9 16 5
1 5 2 2
9 16 6
3 3 6 6 2 1
5 8 4 2 6
16 2 1
6 7 6
5 8
4 10 1 1
4 9 1 2
5 7 2 2
5 5 2 2 2 1 1
5 5 2 1 1 1
5 5 1 2 3 2 2
5 5 3 2 2 1 4
4 3 1 5 8 3 1
3 4 12

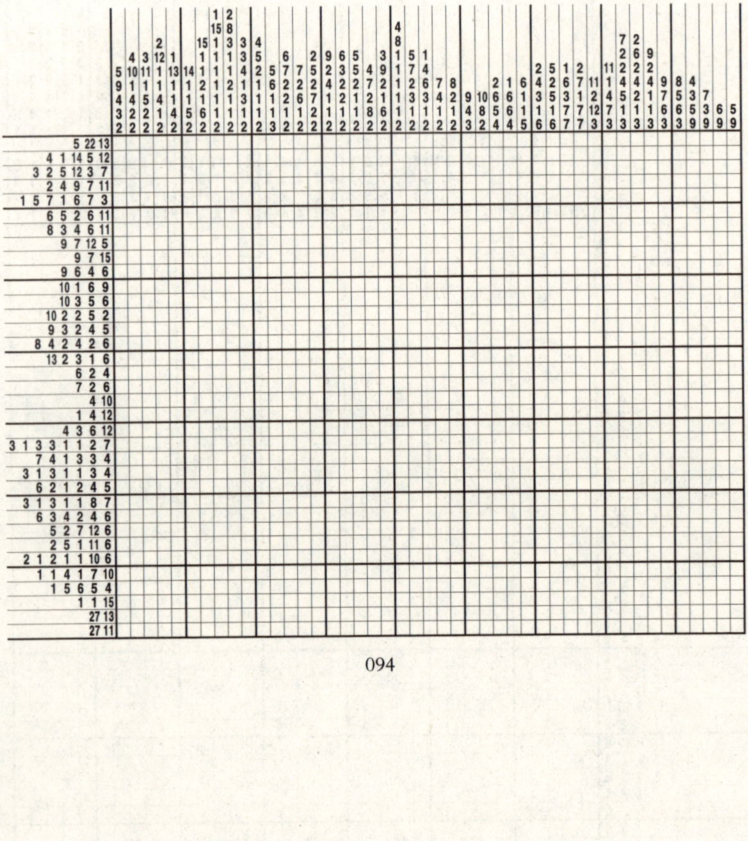

094

3 2	4 3	4 1 4	4 1 5	3 1 5	1 5	4 2 1 6	10 3 1 6	12 4 6	10 1 1 6	16 1 5	8 4 2 2	7 1 3 1	6 1 1 1 1 1	5 2 1 2 1	4 1 1 2 1 2	5 2 1 2 1 1	1 3 1 2 1 1	2 3 5 1 3	2 3 2 1 2 1	3 3 1 3 3	3 3 1 5 5	10 1 7	4 2 1 7	3 7	1 1 6	2 1 6	3 5 6	5 7 5	6 3 3 4	6 7 1 4	6 1 1 2 2 4	5 1 4 2 3	3 2 2 2 3	6 2

13 2 2
10 4 7
11 2 7
13 2 7
9 5 2 5
8 6 3
7 4 1
6 3
4 1
2 2 4 5 4
5 2 1 1 1 2 1 5
5 1 1 1 1 3 2
3 2 1 2 2 5 1
1 2 1 1 1 1 1 3 1 3
3 1 3 1 2 2 5
2 2 1 1 5 3 1
1 1 11 4 2
12 3 1 3 3
2 2 3 4
5 3 2 6
9 5 8
11 2 11
10 2 2 14
12 1 15
10 1 1 15

001 答案

002 答案

003 答案

004 答案

005 答案

10×10 练习题答案

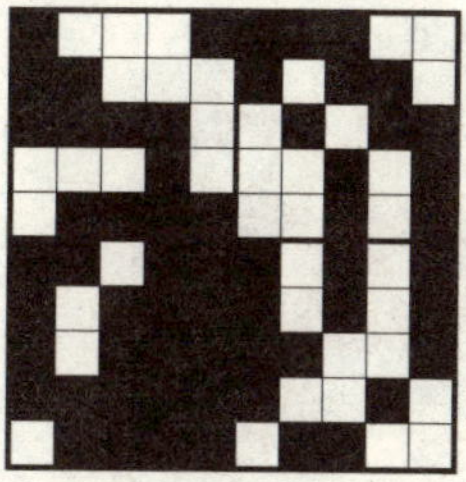

006 答案

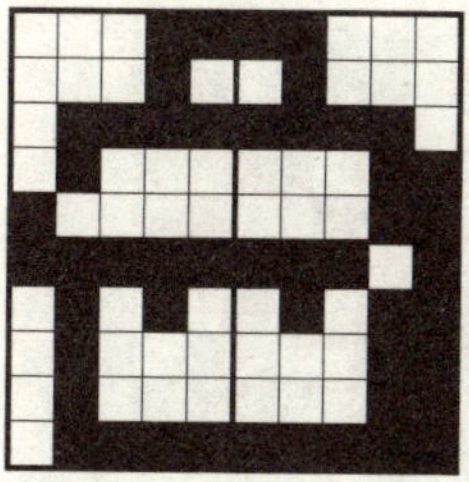

007 答案

008 答案

009 答案

010 答案

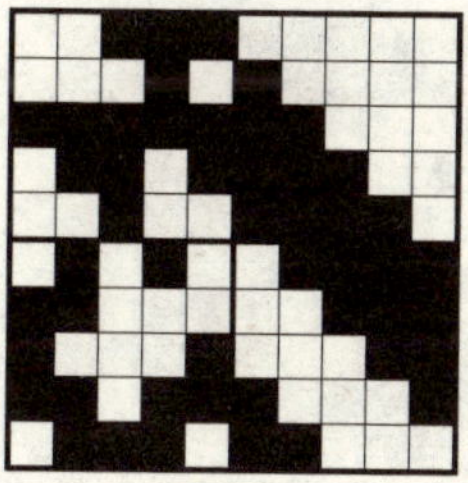

011 答案

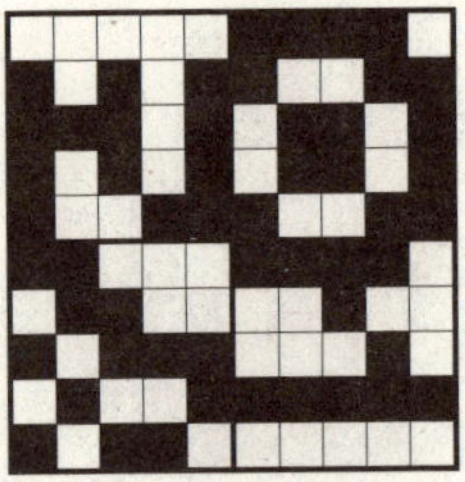

012 答案

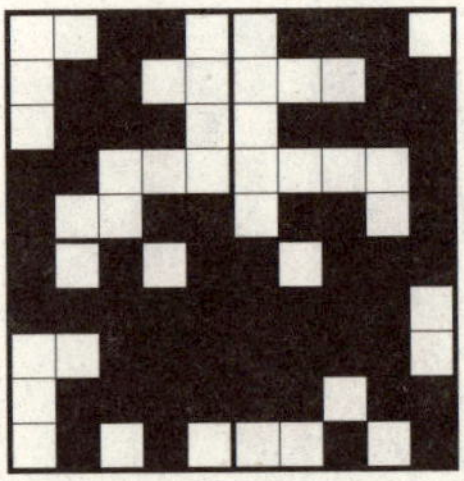

013 答案

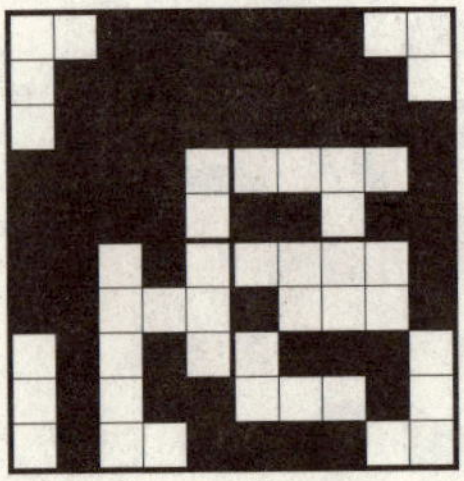

014 答案

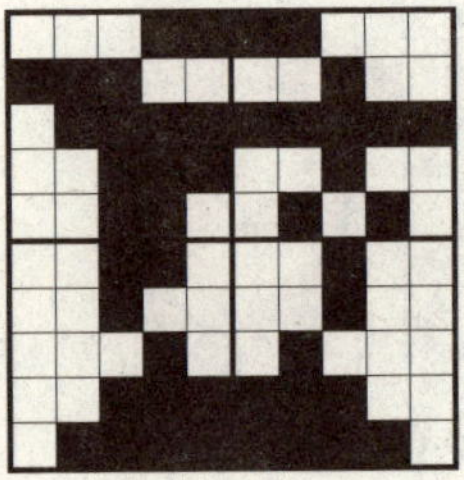

015 答案

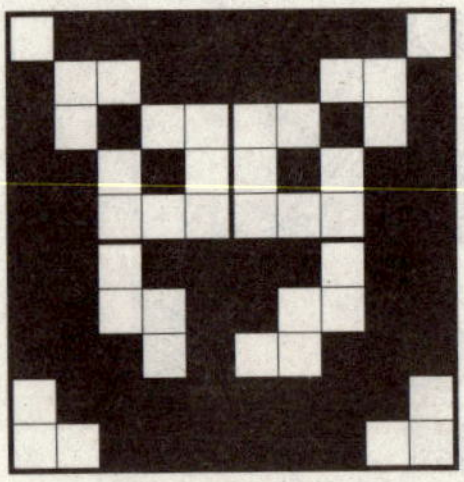

016 答案

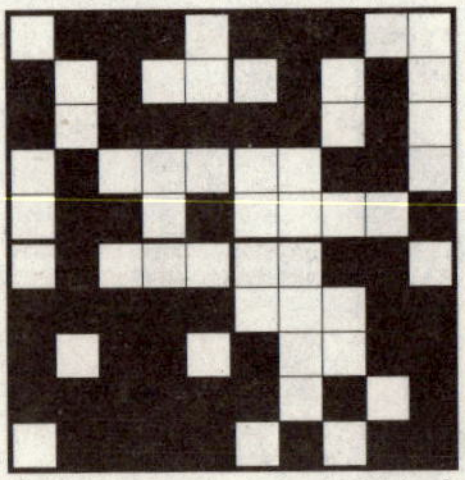

017 答案

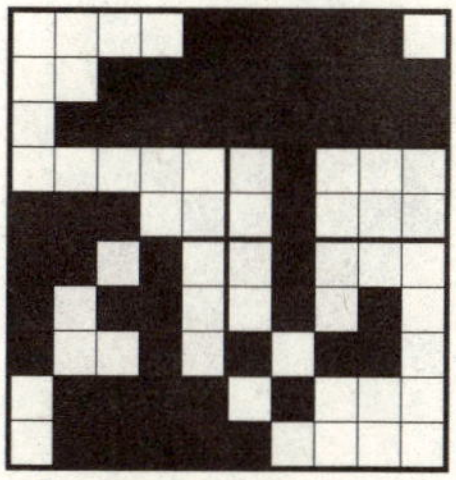

018 答案

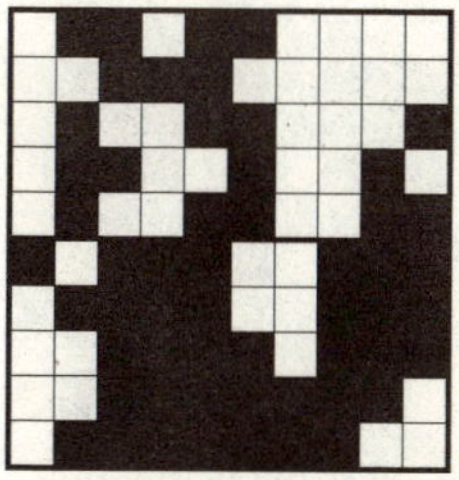

019 答案

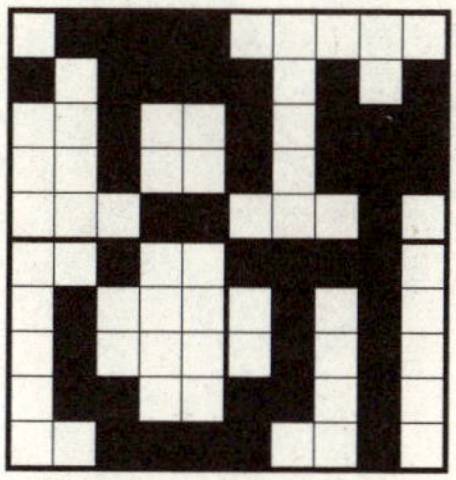

020 答案

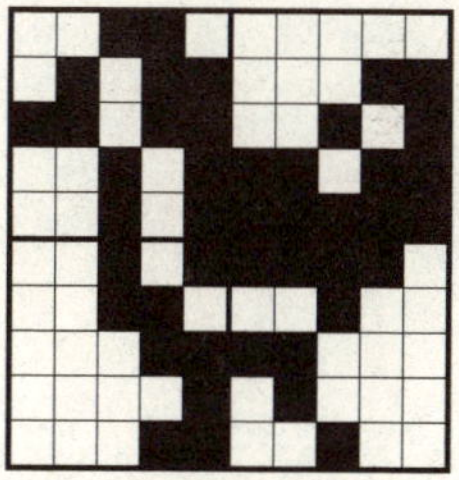

021 答案

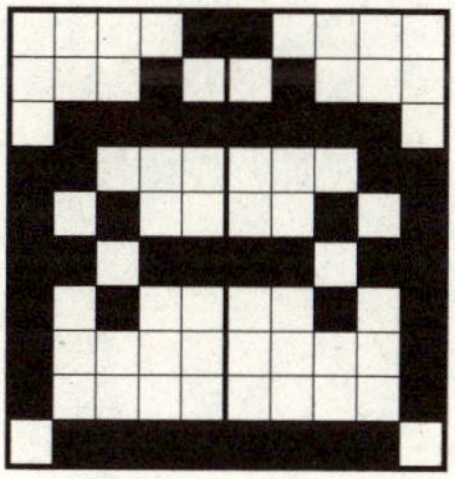

022 答案

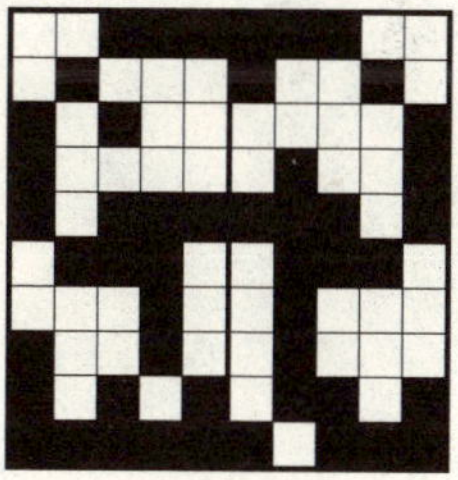

023 答案

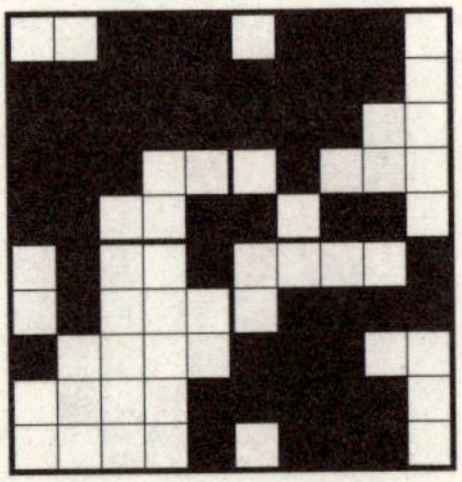

024 答案

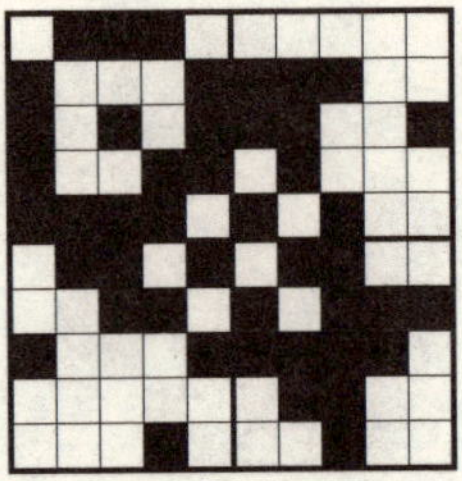

025 答案

| 15×15 练习题答案 |

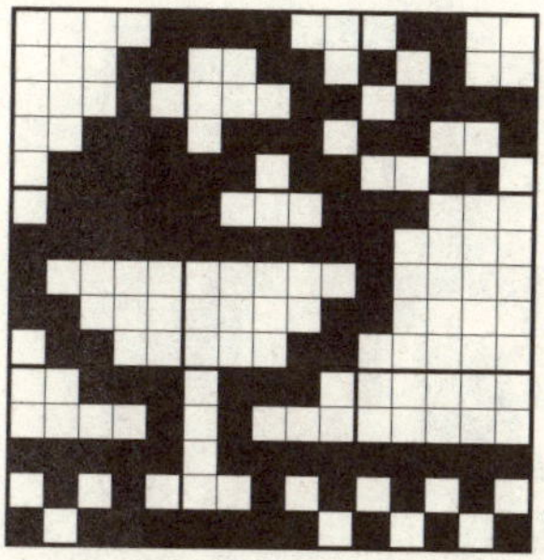

026 答案

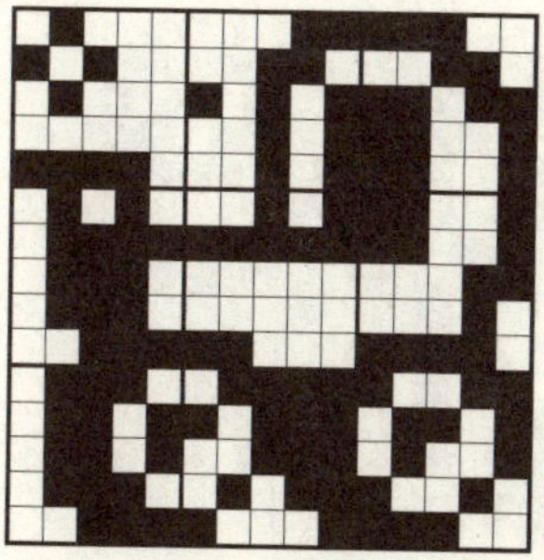

027 答案

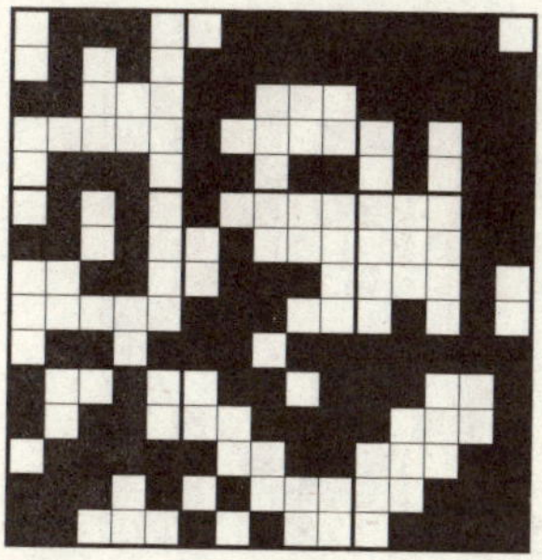

028 答案

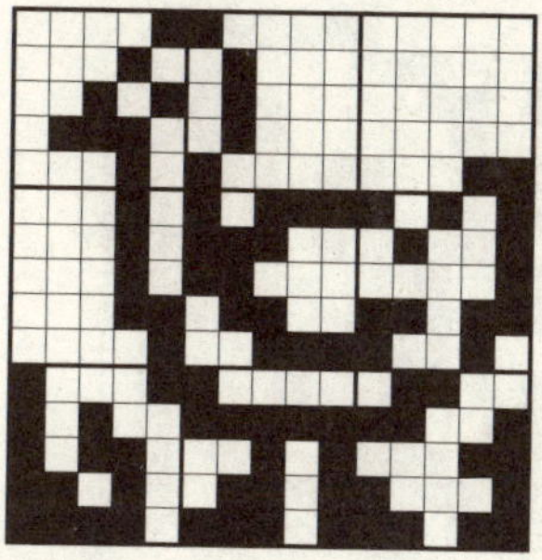

029 答案

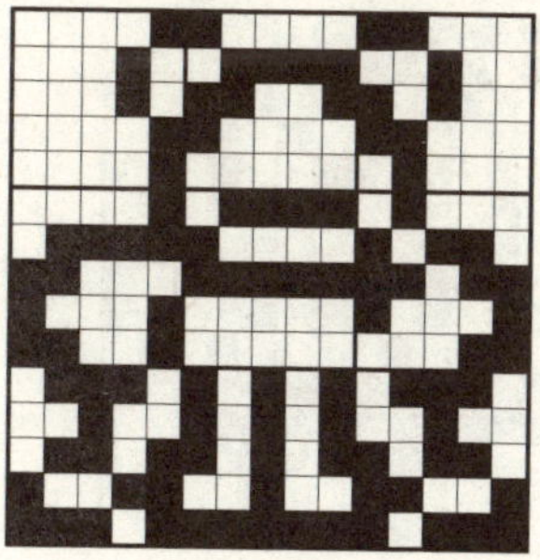

030 答案

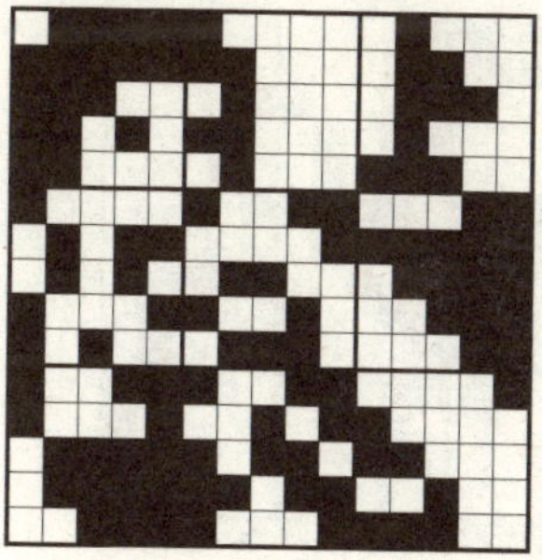

031 答案

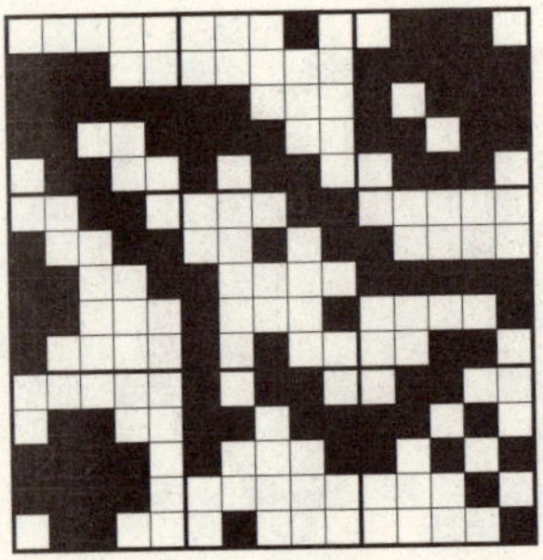

032 答案

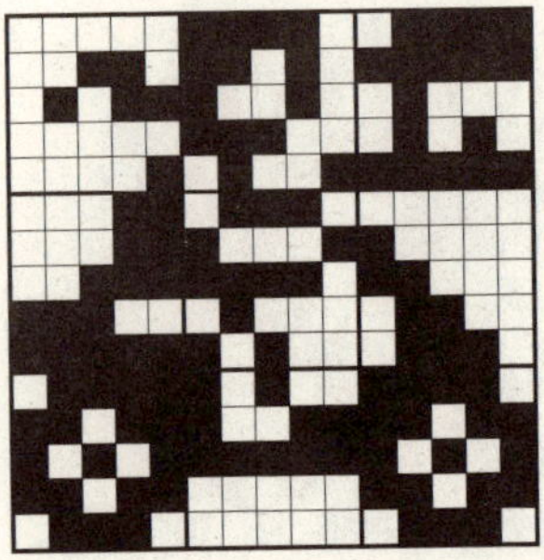

033 答案

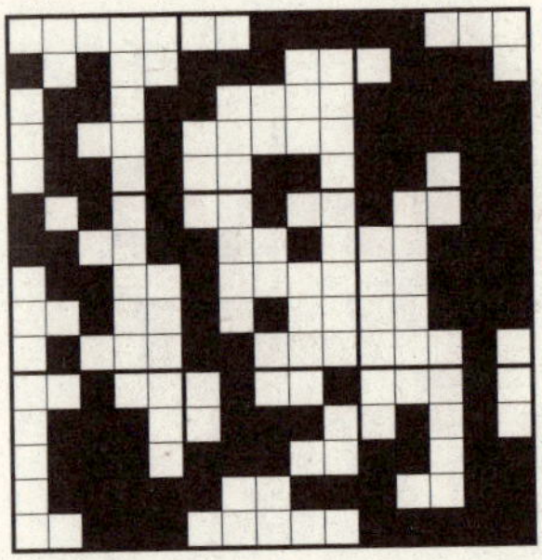

034 答案

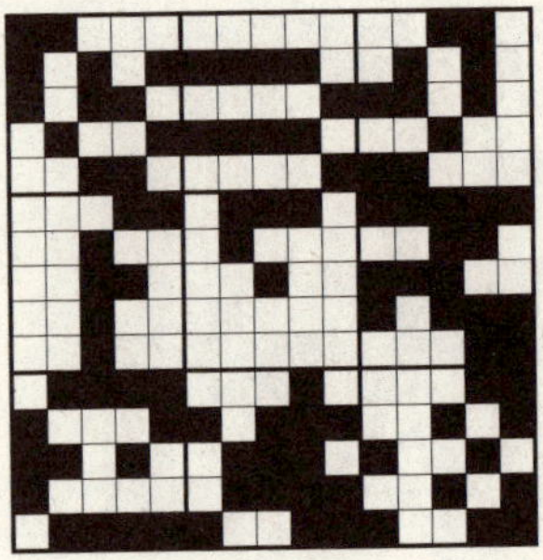

035 答案

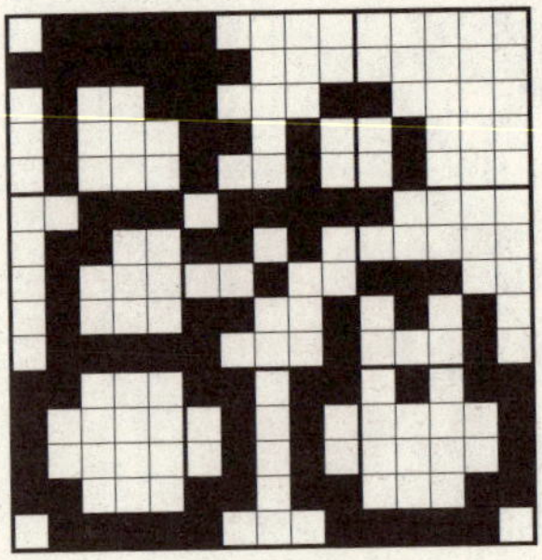

036 答案

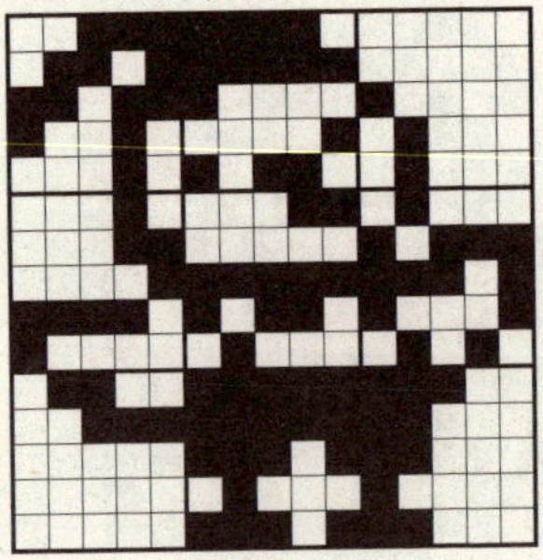

037 答案

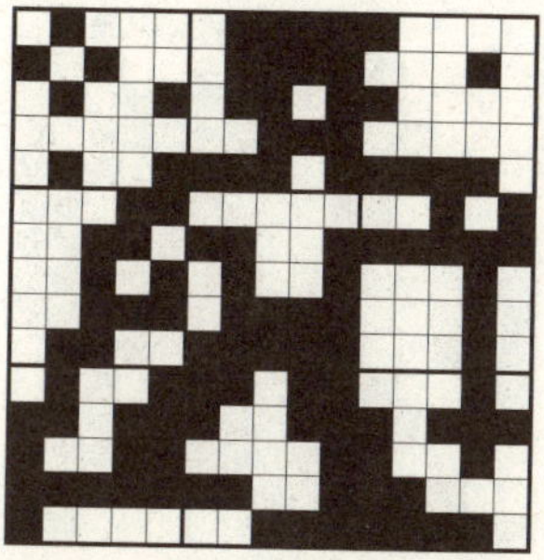

038 答案

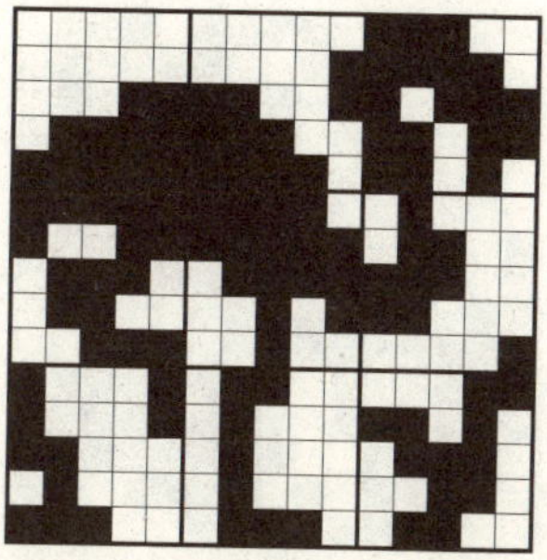

039 答案

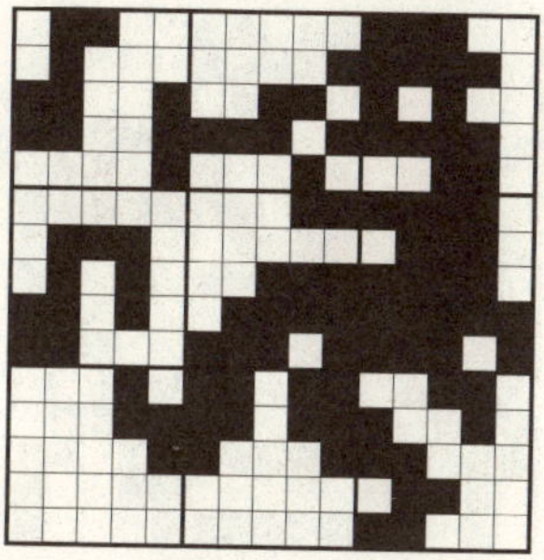

040 答案

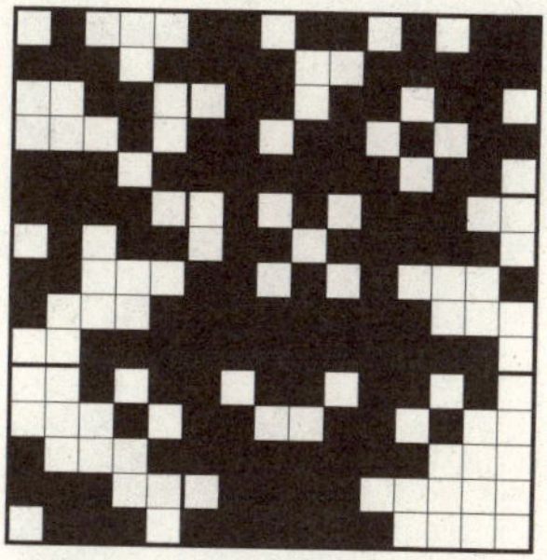

041 答案

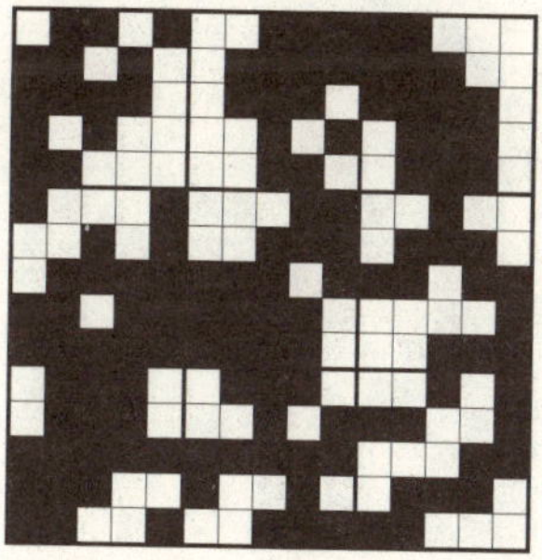

042 答案

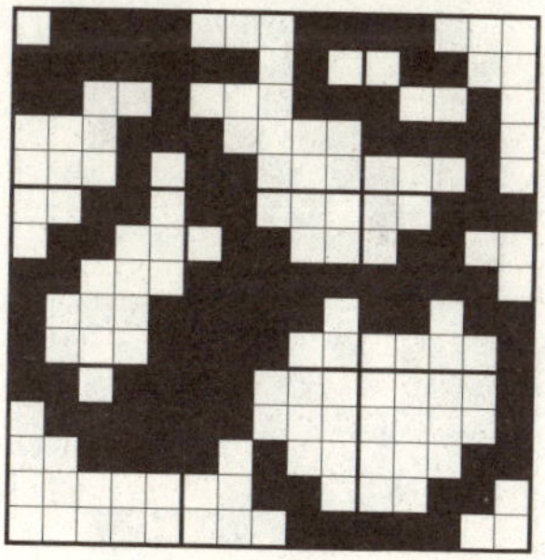

043 答案

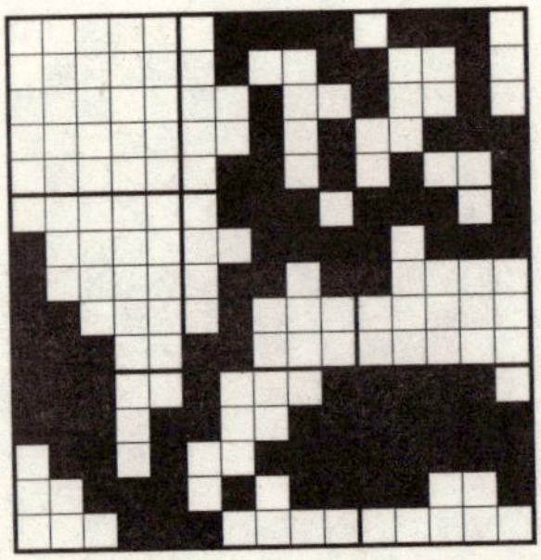

044 答案

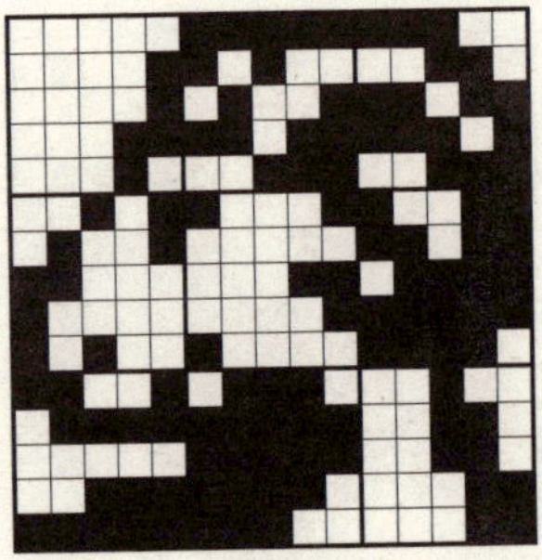

045 答案

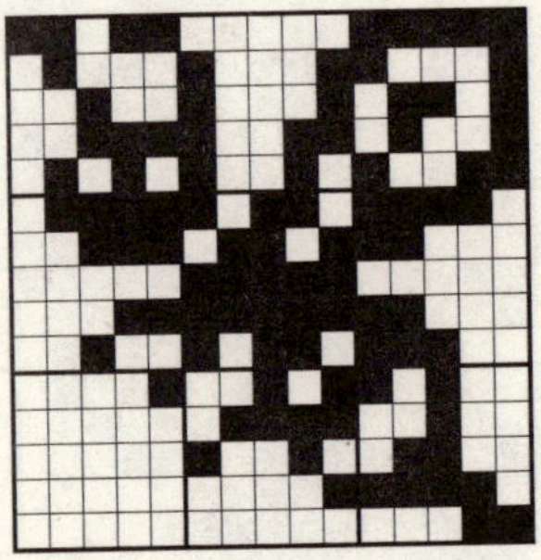

046 答案

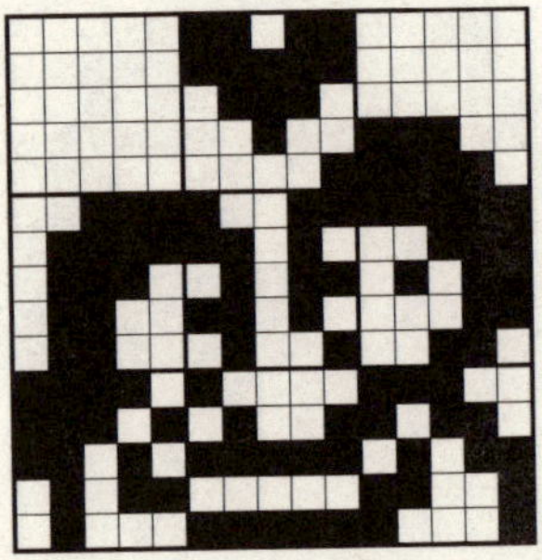

047 答案

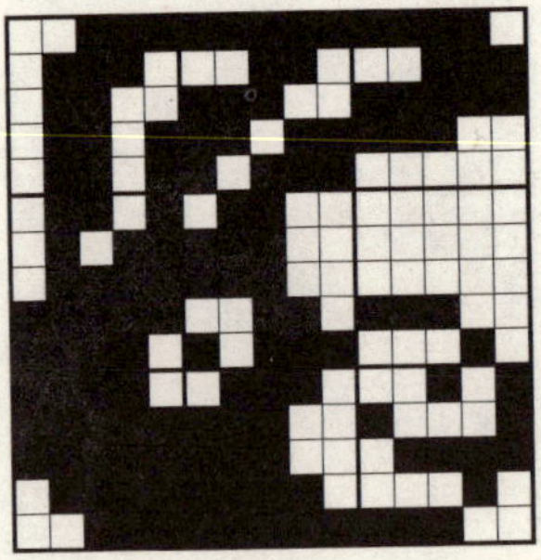

048 答案

049 答案

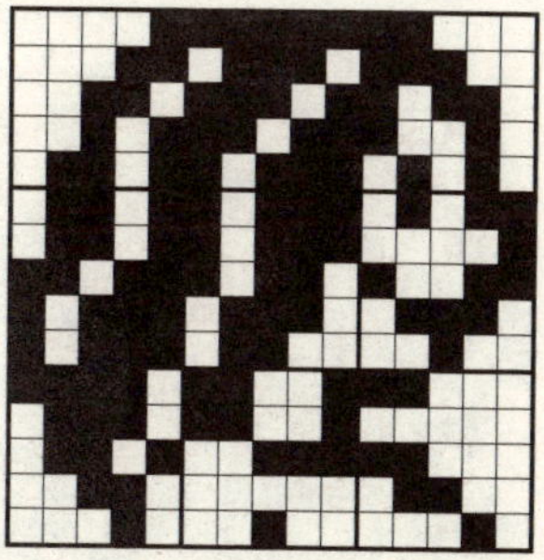

050 答案

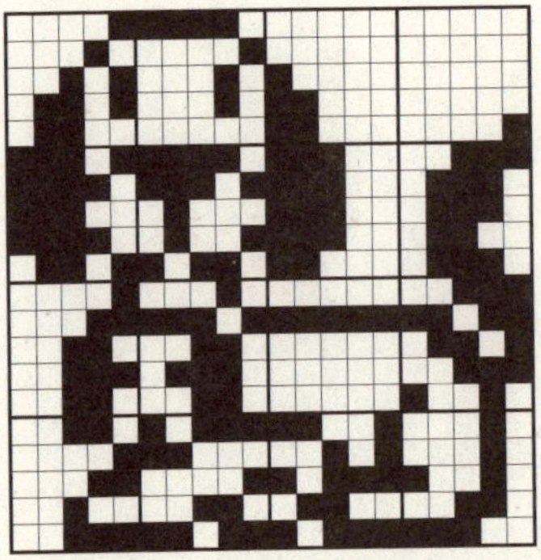

051 答案

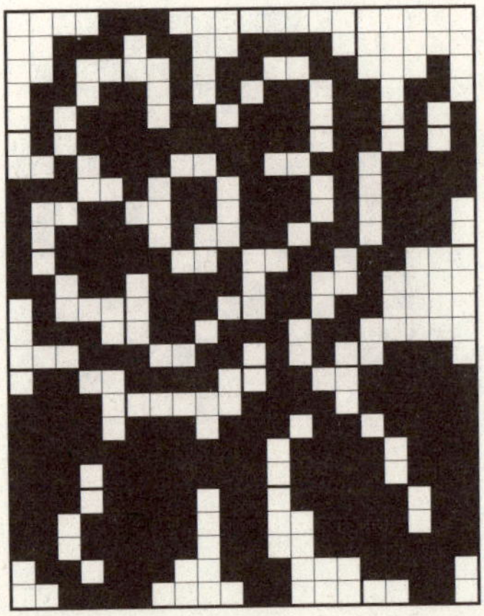

052 答案

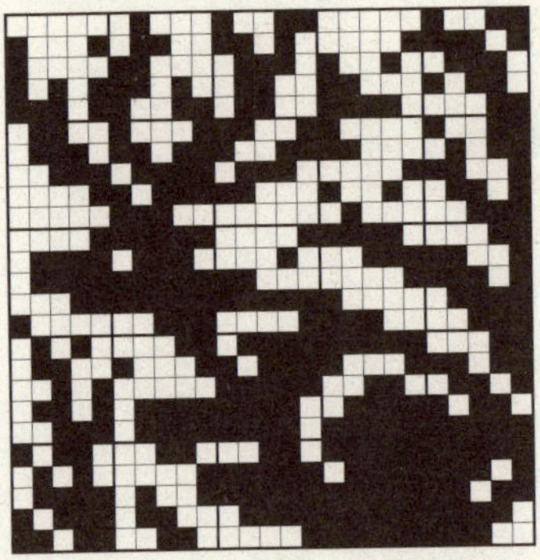

053 答案

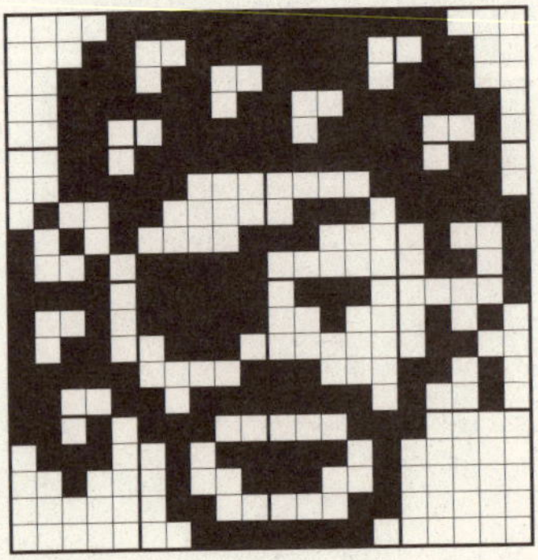

054 答案

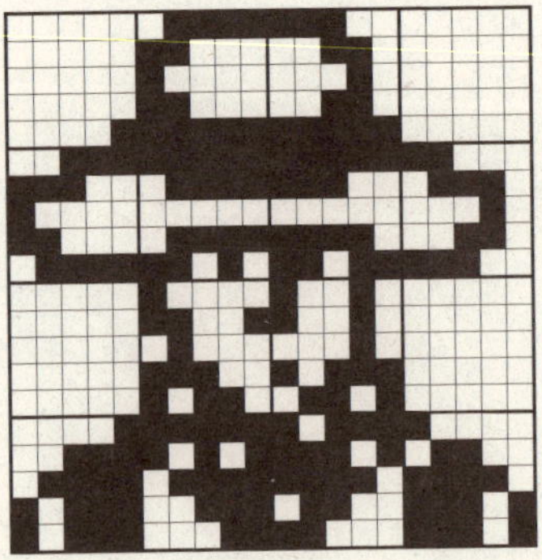

055 答案

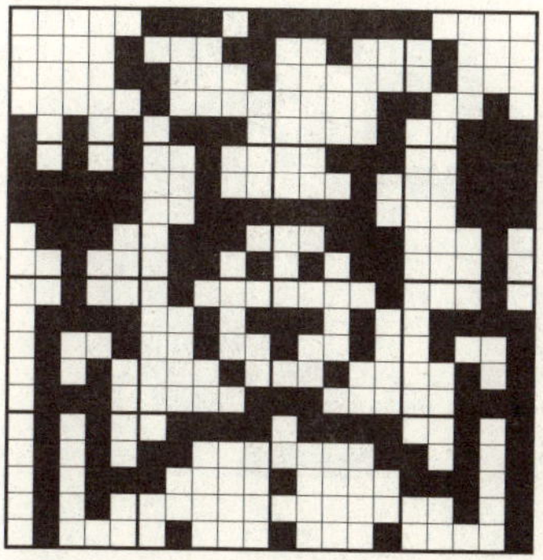

056 答案

057 答案

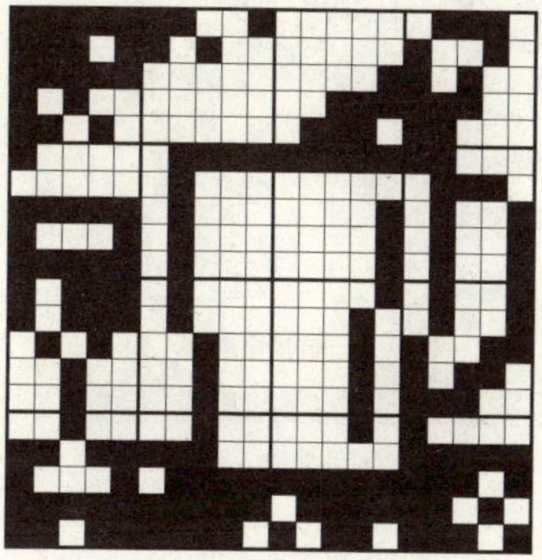

058 答案

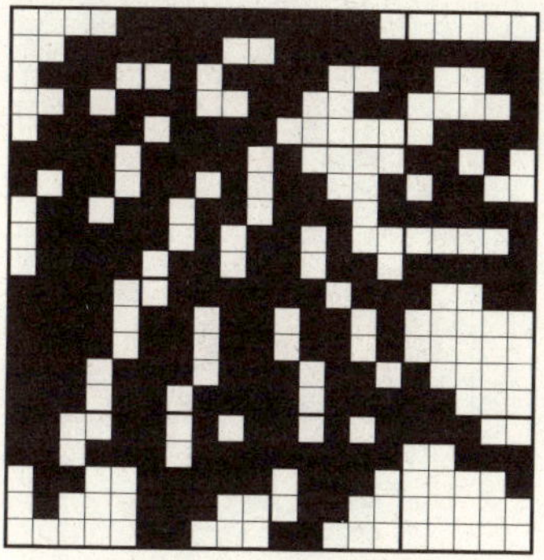

059 答案

060 答案

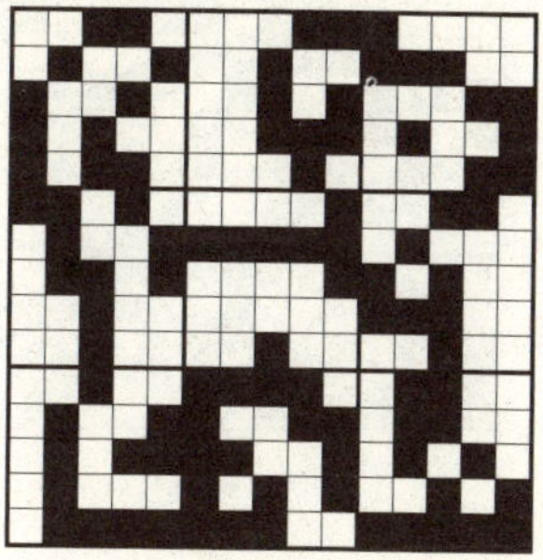

061 答案

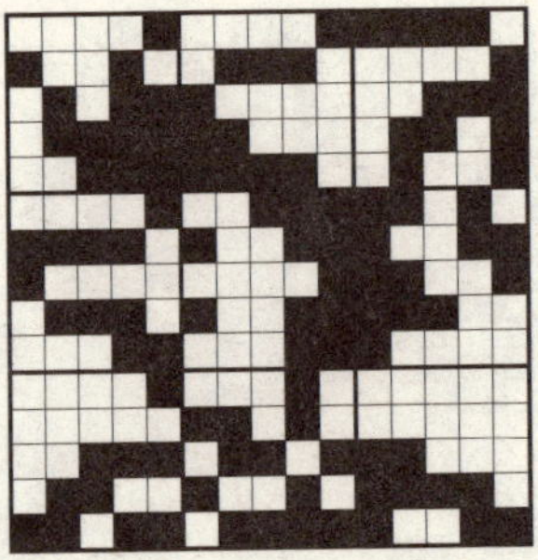

062 答案

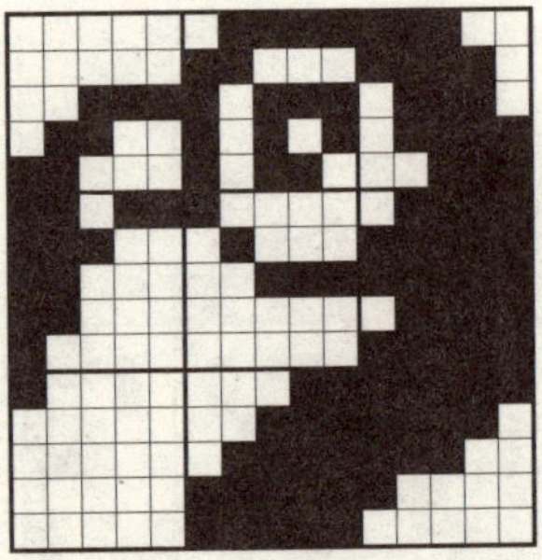

063 答案

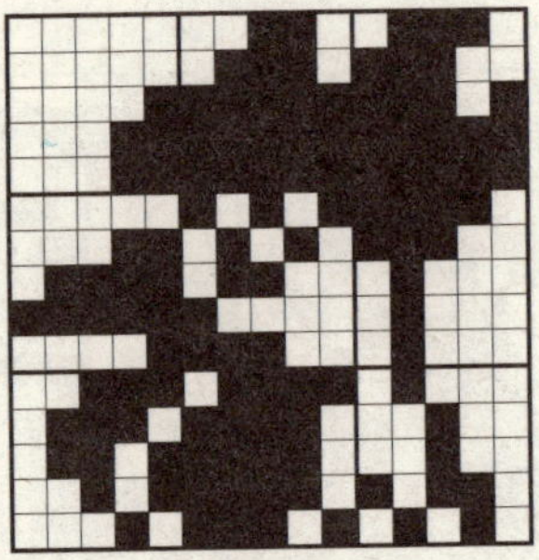

064 答案

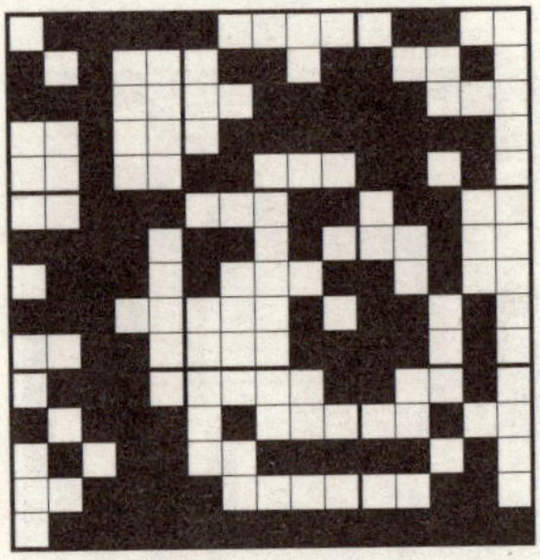

065 答案

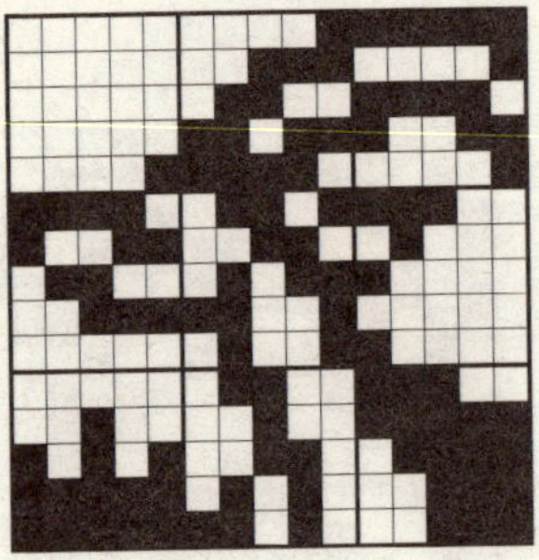

066 答案

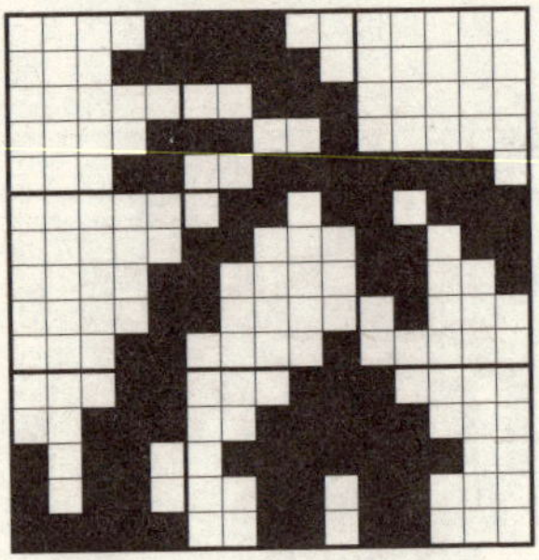

067 答案

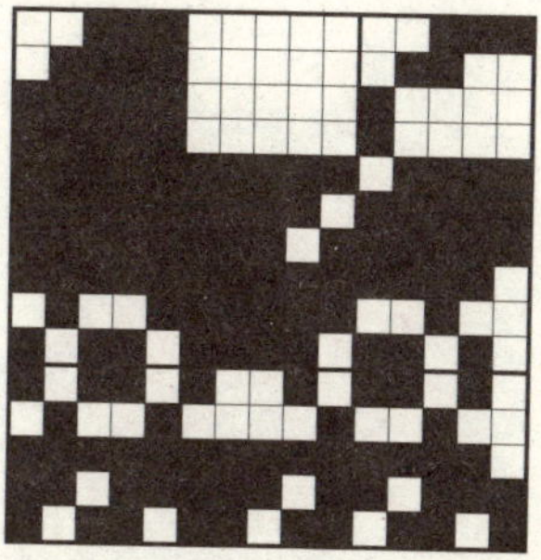

068 答案

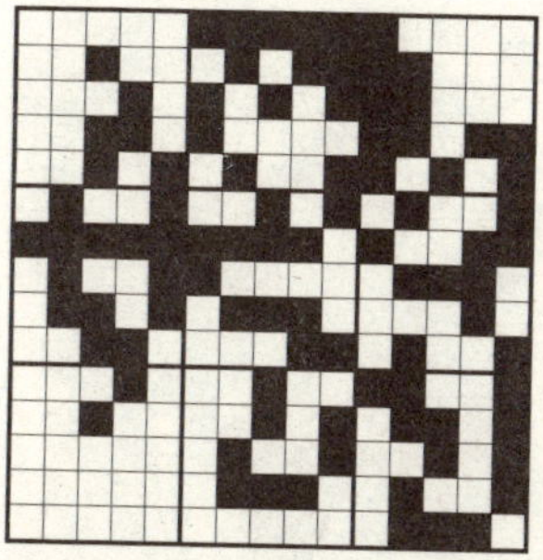

069 答案

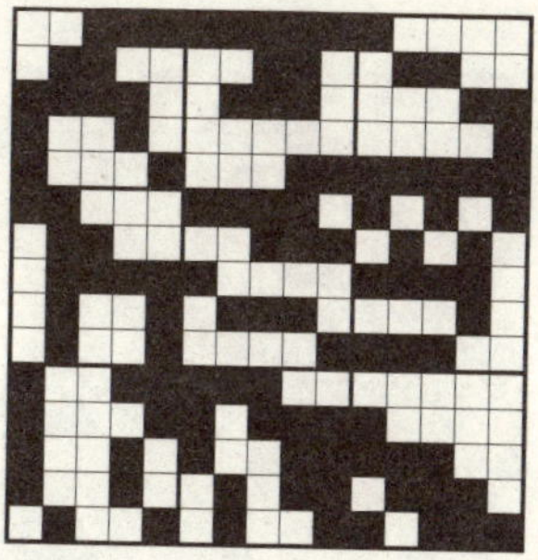

070 答案

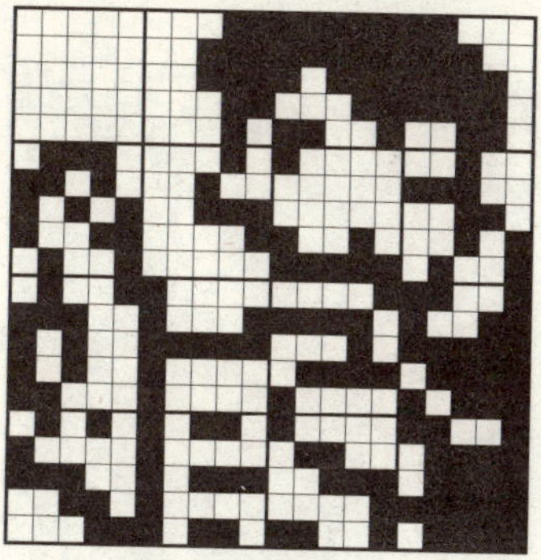

071 答案

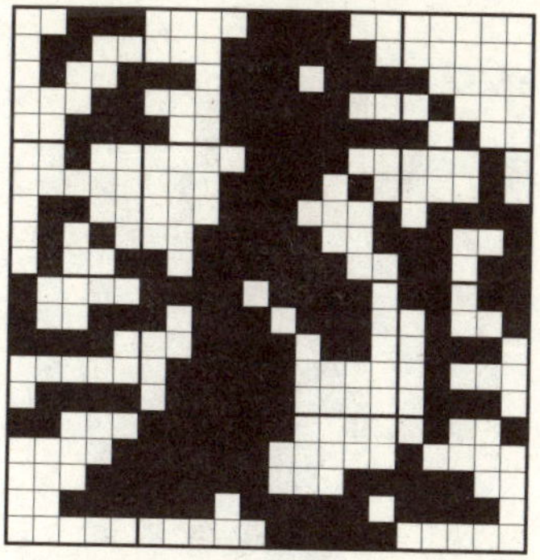

072 答案

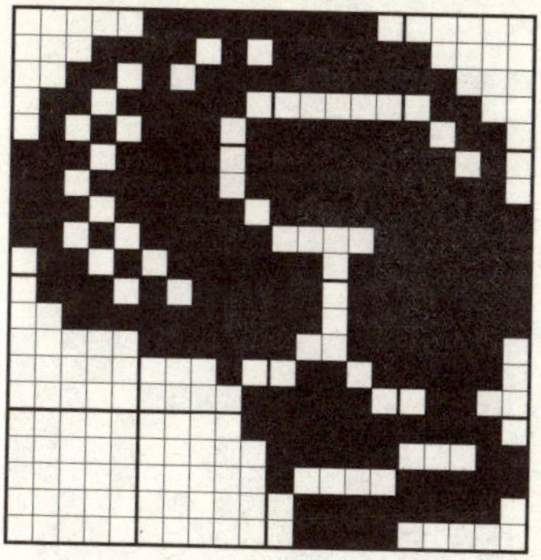

073 答案

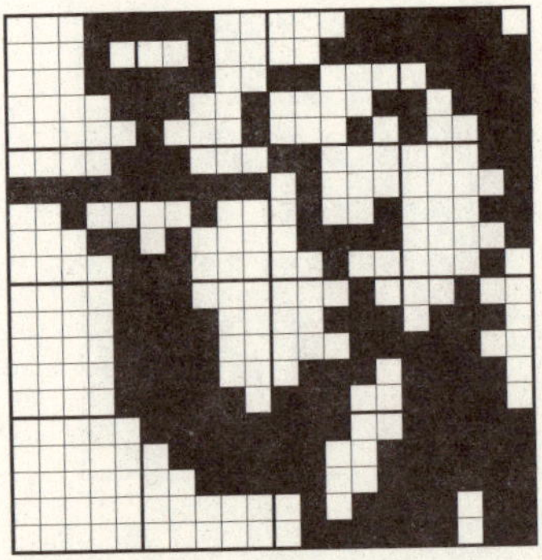
074 答案

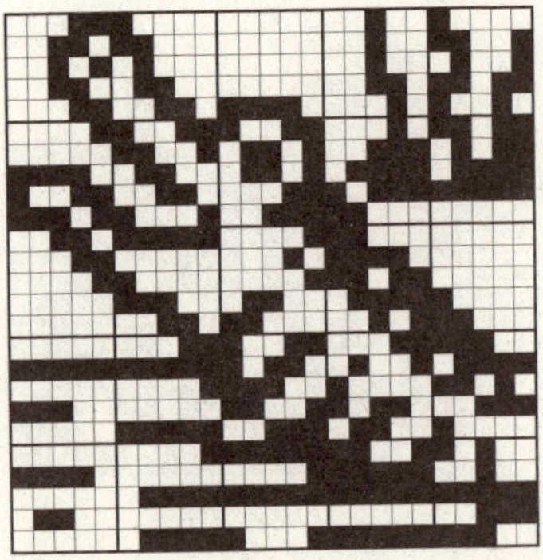
075 答案

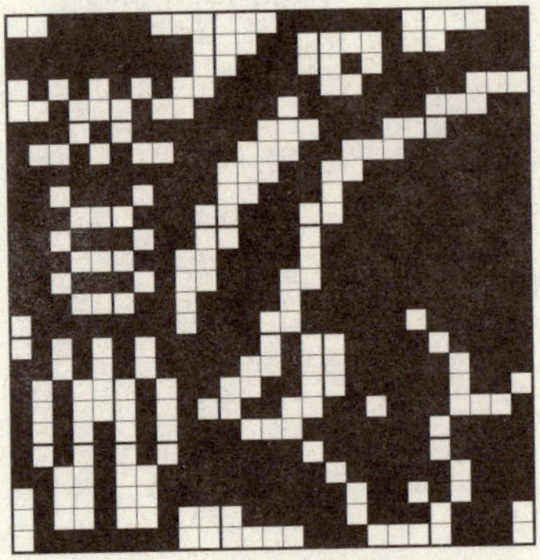
076 答案

077 答案

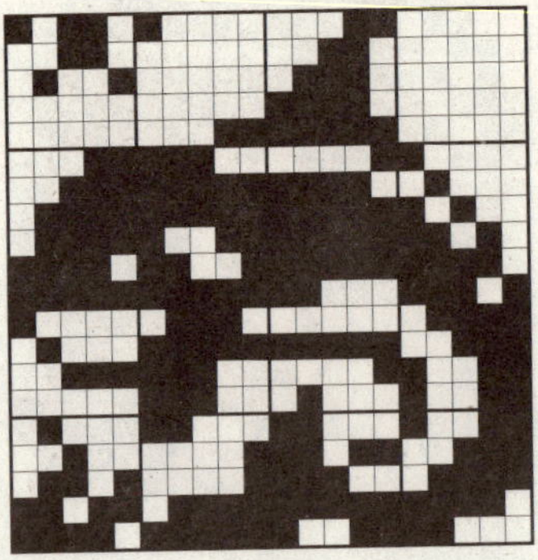
078 答案

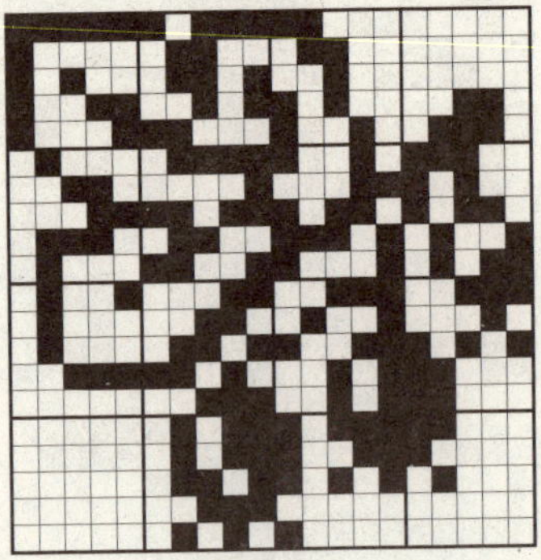
079 答案

25×25~30×35 练习题答案

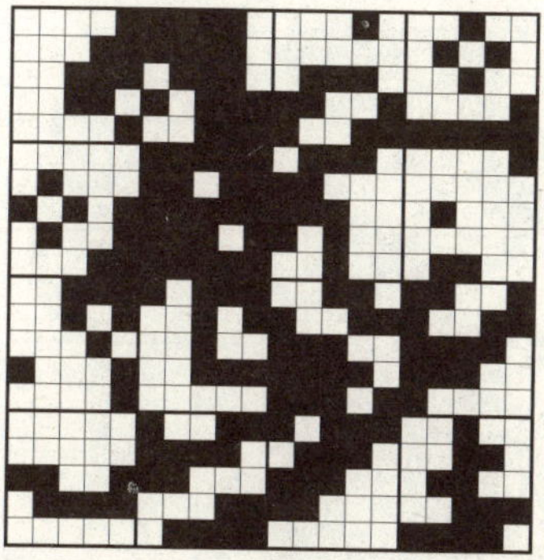

080 答案

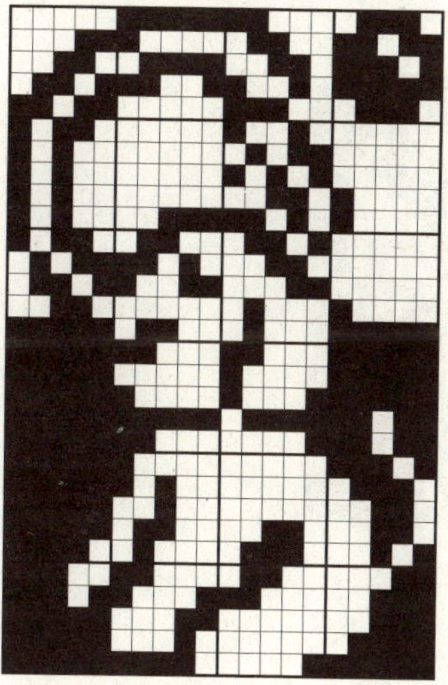

081 答案

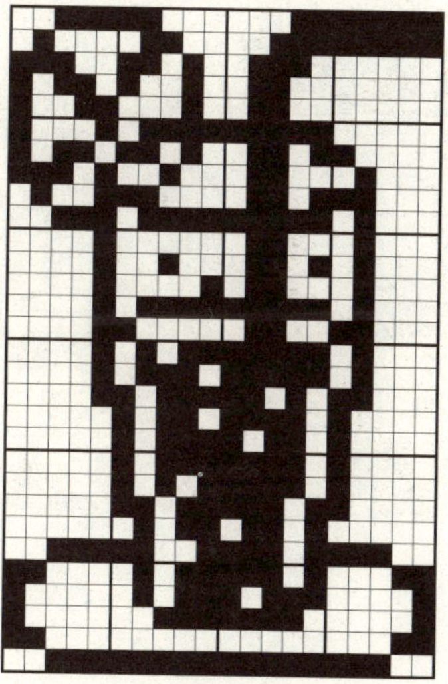

082 答案

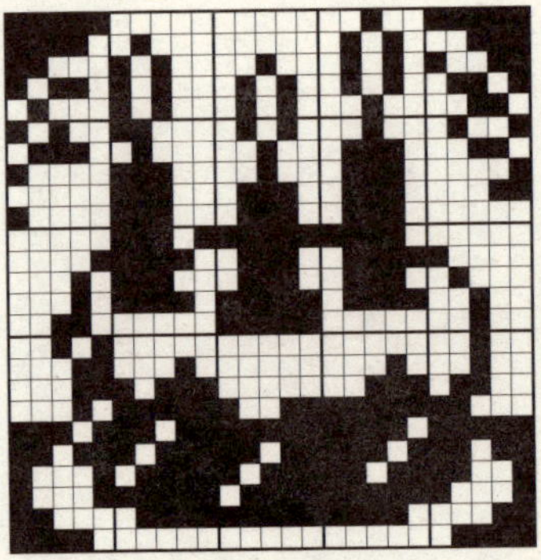

083 答案

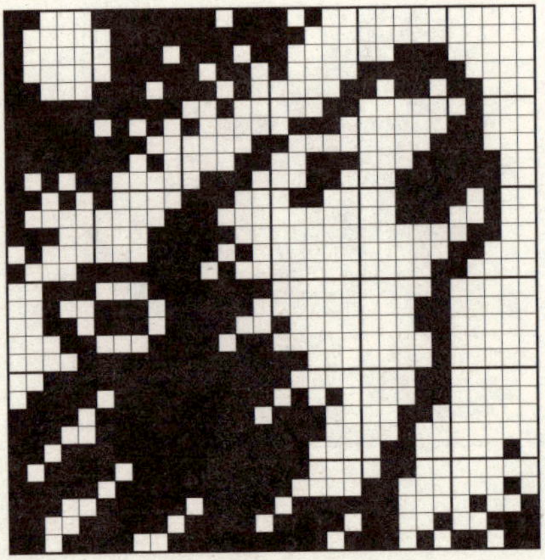

084 答案

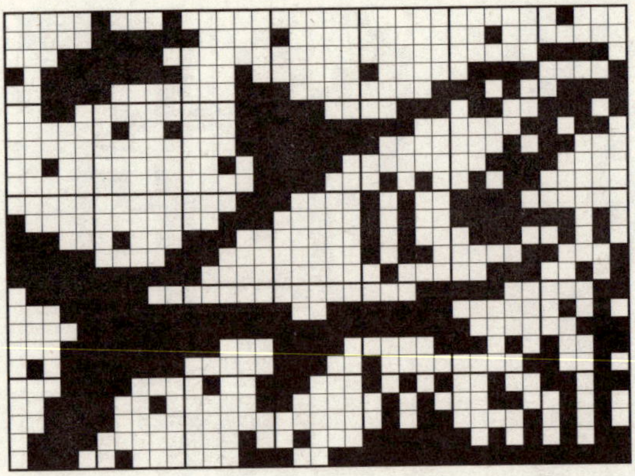

085 答案

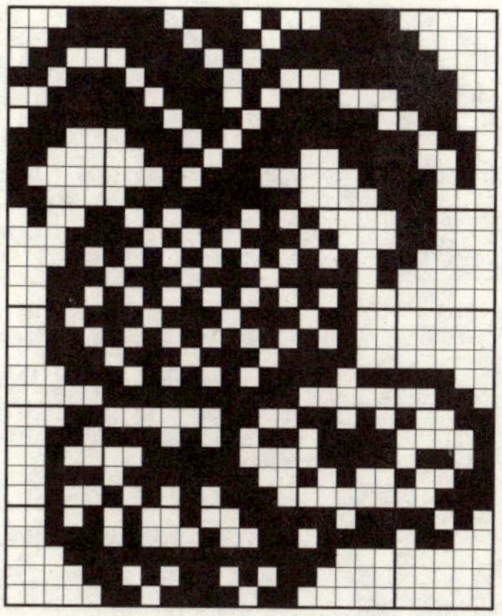

086 答案

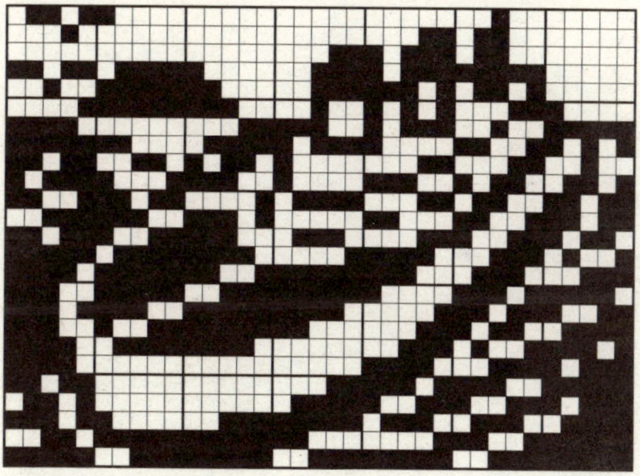

087 答案

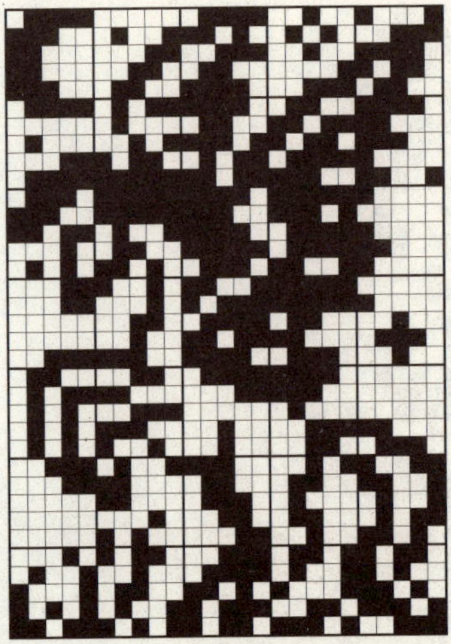

088 答案

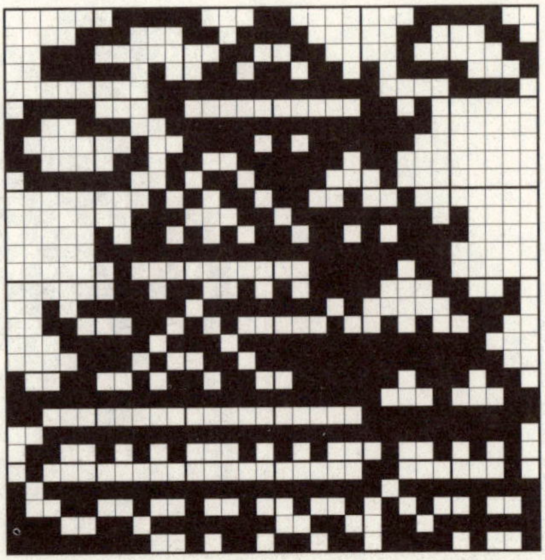

089 答案

090 答案

091 答案

092 答案

093 答案

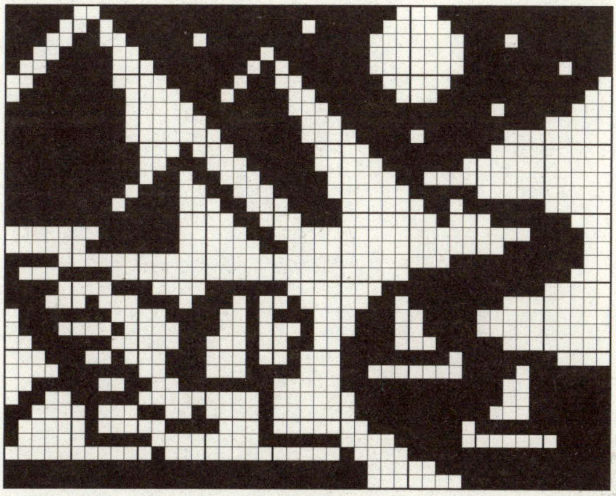

094 答案

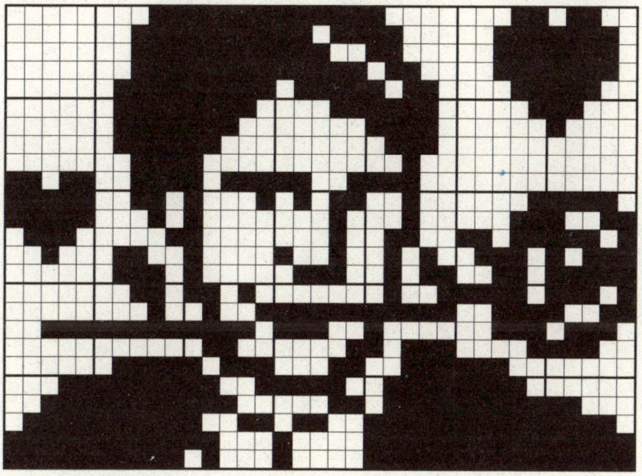

095 答案

第三章

连数字练习题
及答案

连数字规则

连数字谜题由一个网格组成，网格中包含了一些提示数字。每个提示数字，除了“1”以外，都是成对儿出现的。游戏的目的是通过连接提示数字对儿，使得连线的路径长度与提示数字一致（包含两端含有提示数字的方格），还原一副隐藏在网格背后的像素画。提示数字“1”表示连线路径长度为1个方格长，以此类推。连线的路径可以是水平，也可以是垂直，但是不能交叉。

3	2	4	4			9			
	2					3			
3					1		3	3	
		1					3		9
	1			1	3				3
3	2			3				5	
	2						1		3
3						5		1	
		1	5				1		2
	3		3	5	4			4	2

001

009 答案

1				1			1		5
	2	2			2	2		5	
3	3					2	2		
				5				5	
3	3								3
	1								3
	2	2			1	3			
1		1		4	3			2	
3		3				4		2	

002

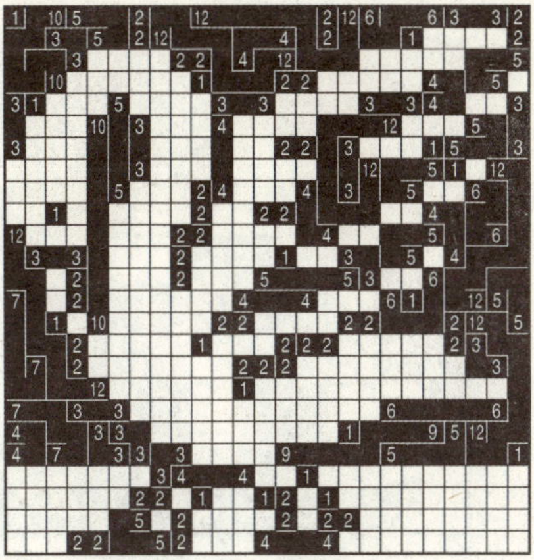

010 答案

6				7				2	2
6			5		5	5	5		1
					5			5	
		7			4			4	
2				5				5	
2		1							
2			2						
2	4	4	2		1		2	2	

003

001 答案

6					6					5				7
2	2			1							7		5	
1					4			4	2		1			
3		3		2	2		1		2	3			1	3
			2	2		1		1						
2				2	2		3		3	3	1			3
2					3	4	4	1				1		7
	4	4												3
			3		3						1		3	
		3	2				1			7	7			
2			2		2				3		3			1
2					2	7	1						2	12
		4											2	
4	3			2	2						1			
3			3		3	12							2	2

004

002 答案

			1											
		2			2	5		1						
		2	2		2		5				1			
			2			7			3		3	10		
					7	2	2						3	
									4			1		2
			4				4			10	4		3	2
3	4			10				11		11				
			2	2		4				1				
3							2			3		3		
	3	2	2	2		1	2					2	2	
		3		2	10			3		3	2			1
2	2				1						2			
2						1				1				
2	10									10	4			4

005

003 答案

2	2			2			7						7	2
1				2						9				2
3		3				9	2		2			1		
			1				2		2			4	1	
										3		4		
1						1		9			3			4
					2					9			1	
	9			1	2									
	2		1											4
	2													
9		1								2	2			
			3			2	2		3			2		
	2	2				9		3	3			2	3	
	5		3			3				3		3		
5					3	9						1		

006

004 答案

					6	3		3						4			9	1	
7	2						9	9						4		10			
	2	9		6		1				2	3		3						
								5		2				1			4	9	
	7		2								4						4		
2			2			7		7						1		2			2
2					9		5					2	2			2		10	2
	1										4						4	4	
		2	2				2	2				4				9			
			2	2					10			6		4					
					10					2			4	6					
					6	6				2					4		6		
4			1					5						1					
	3		3		1				1		5	3				3			
	4	4									3		10	9	3				
			10	3															
			4				2	2									6		
	3			3					2	2						1			
							5		2		5				5				
	3	2	2				1	5	2										

007

005 答案

														1					10
							11					1				1			10
		2	2		11				2	2				11				1	
		3						5			5	11	10				1		
4	3			3		3	5			5		10	3		1		10		
	11		1									3					3		
	4											6		2	2			2	
	6					6			2	10					1		3	2	
							2	2	2									11	10
										4	4		1			3		3	
											1			1					
					2	2						6			1				
																2		2	
					2		1		2	2					4	2		2	10
		3		3	2			8	5						4				11
					11	8	1		2	2		11					6		
	11				11			1			5	11	2	2		5			
				4			4						3		3		5		
		11						11				5				1			6
11			4			4		11					5	6					6

008

006 答案

10		2	2		12				8					10		3		3	9
4				2	2		5						8		4		4		
				5		5				12							9		
10	4									10		4		2				4	
					5				5			4		2	4				
1																			1
	3		3	5												2	2	2	
					2	2	9	8							8	2			
5			1														10		
					2	4		4			4			3	2	2			
5	3			9	2				2	2					3				
3			2											3					
9	1		2			4												11	
				2	2						6			3		3			11
			1			2						1					1		
	9	1		2		2	2				1	6				3		3	10
1			1	2			2	2							10		3		
	1				3			2	3					1		1		5	
				3		4					4	3		3					5
11				11		4	1		3		4		10					1	

009

007 答案

1		10	5			2			12						2	12	6			6	3		3	2
		3		5		2	12						4		2				1					2
			3					2	2		4		12											5
		10							1				2	2						4			5	
3	1				5					3		3					3		3	4				3
				10		3				4								12				5		
3													2	2		3				1	5			3
						3											12			5	1		12	
					5				2	4				4		3			5			6		
		1							2			2	2							4				
12								2	2						4					5			6	
	3		3					2					1			3			5		4			
			2					2				5				5	3			6				
7			2								4			4				6	1			12	5	
		1		10						2	2					2	2				2	12		5
			2						1				2	2	2						2	3		
	7		2								2	2	2										3	
				12							1													
7			3		3													6					6	
4				3	3											1				9	5	12		
4		7			3	3		3					9					5						1
							3	4			4			1										
						2	2		1			1	2		1									
						5		2					2		2	2								
			2	2			5	2				4			4									

010

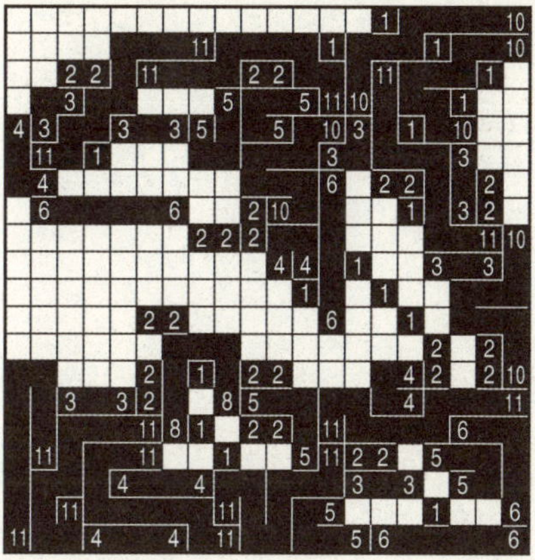

008 答案